만화로 쉽게 배우는 우선 이것만! 통계학
- 엑셀로 경험하는 데이터 분석 -

저자 / 다큐 히로시(田久 浩志)

BM (주)도서출판 **성안당**
日本 옴사 · 성안당 공동 출간

만화로 쉽게 배우는 우선 이것만! 통계학
— 엑셀로 경험하는 데이터 분석 —

Original Japanese Language edition
Manga de Wakaru Mazuha Koredake Toukeigaku
- Excel de Taikensuru Data Bunseki
by Hiroshi Takyu, Enmo-Takenawa
Copyright ⓒ Hiroshi Takyu, Enmo-Takenawa 2023
Published by Ohmsha, Ltd.
This Korean Language edition co-published by Ohmsha, Ltd. and Sung An Dang, Inc.
Copyright ⓒ 2024
All rights reserved.

머리말

데이터 사이언스 강의는 여러 곳에서 이루어지고 있습니다. 그러나 그 중 통계학 부분의 강의가 어려워서 무슨 말인지 모르겠다는 이야기를 자주 듣습니다. 필자는 수학을 잘하지 못하는 사람에게 강사가 수식만 잔뜩 늘어놓고 진지하게 통계학을 가르친다면 '통계학 혐오증'을 양산할 뿐이라고 생각합니다. 또한, 숫자로 제시된 예제를 푸는 것만으로는 실제 수집하는 데이터 분석에 대한 이미지가 잘 떠오르지 않습니다. 이러한 비극을 피하기 위해, 이 책에서는 우선 기본적으로 이해해야 할 내용을 다루었습니다. 그 내용은

- 데이터를 수집할 때마다 그 내용이 미묘하게 달라지는 모집단과 표본의 관계
- 비교하는 지표가 그렇게까지 어긋나는 경우는 거의 없다고 생각하며 이야기를 진행하는 통계적 가설검정

이 두 가지입니다. 그리고 이 내용과 함께 다음의 항목을 설명했습니다.

- 데이터를 수집하고 표시하는 방법   엑셀로 데이터를 표현하는 각종 노하우
- 표본 간의 대소 관계를 생각하는 방법   평균값 검정
- 업무를 더 자세하게 분석하는 방법   분산분석, 회귀분석
- 분할표의 편향을 검토하는 방법   카이제곱 검정

필자는 복잡한 통계학의 이야기도 스스로 엑셀의 난수를 사용하여 데이터를 생성하고, 그 값을 여러 번 갱신하면서 스스로 분석하면 실제 데이터의 수집과 분석의 연습이 되고, 그리고 스스로 이해하면서 학습하면 자신감을 가지고 통계학을 사용할 수 있게 된다고 생각합니다.

어려운 이야기는 접어두고 엑셀의 작업 방법을 배우면서 직접 데이터를 분석해 통계학의 의미를 이해해 봅시다. 그러면 반드시 남들보다 한 발 앞서 나갈 수 있고 통계 분석이나 검정이 두렵지 않게 될 것입니다.

2023년 11월
다큐 히로시

> "예수께서 이르시되 너희가 맹인이 되었더라면 죄가 없으려니와 본다고 하니 너희 죄가 그대로 있느니라"
> (요한복음 9장 41절)

차례

머리말 iii

프롤로그 통계학의 핵심은 단 3개뿐 1

    0.1 소개 2

제1장 데이터 분석을 시작하기 전에 9

    1.1 통계학으로 배우는 것 10
    1.2 데이터의 종류(척도) 11
    1.3 모집단과 표본 15
    1.4 엑셀로 표본을 만들어 분석합시다 20
    1.5 우선 데이터 분포를 표시하는 방법을 파악합시다 21
    1.6 히스토그램 작성 방법 23
    1.7 상자 수염 그림을 만드는 방법 25
    1.8 히스토그램과 상자 수염 그림의 비교 27
    1.9 피벗 테이블의 사용 방법 30
    1.10 피벗 테이블로부터 그래프를 작성 33

제2장 정규분포를 이해하여 분석을 쉽게 해 보기 35

    2.1 정규분포란? 36
    2.2 정규분포의 성질을 직접 확인 44
    2.3 모집단과 표본의 관계를 그래프로 경험 47

제3장 가장 먼저 줄여야 할 것은 표준편차 49

    3.1 표준편차의 설명 – 평균, 분산, 표준편차의 개요 – 50
    3.2 표준편차의 설명 – 평균, 분산, 표준편차의 상세한 내용 – 58
    3.3 먼저 암산으로 표준편차를 구해 보자 60

3.4 불편분산과 분산의 차이 ········· 63
3.5 엑셀 작업으로 측정한 개별 값에서 표준편차 구하기 ········· 63
3.6 엑셀 작업으로 분할표에서 표준편차 구하기 ········· 65
3.7 엑셀 함수로 표준편차 구하기 ········· 67

제4장 부분적인 데이터로 크고 작음을 말할 수 있는가? — 69

4.1 표본 간의 대소 관계 생각하기 ········· 70
4.2 데이터의 대소 관계를 평균값으로 비교하기 ········· 74

제5장 대소 관계의 검토는 표본평균 차이의 분포로부터 — 81

5.1 표본평균 차이의 분포는 어떻게 될까? ········· 82
5.2 표본평균의 차이 분포를 엑셀로 구하기 ········· 86
5.3 통계적 가설검정으로 표본평균의 차이를 검토 ········· 92
5.4 표본의 개수가 바뀌면 표준오차는 어떻게 될까 ········· 93
5.5 평균값 검정인 t검정은 t분포를 이용한 표본평균 차이의 검정 ········· 95
5.6 t분포 체험 ········· 100

제6장 식당 업무 개선에 t검정을 사용해 본다 — 103

6.1 검정 방법을 선택하는 것은 의외로 간단 ········· 104
6.2 t검정의 종류에 대하여 ········· 110
6.3 튀김의 길이 분석은 대응이 없는 t검정 ········· 110
6.4 튀김 길이의 산포도 분석은 F검정으로 ········· 113
6.5 산포도가 다른 데이터의 분석은 이분산 2표본을 대상으로 하는 t검정으로 ········· 115
6.6 같은 사람에게서 두 번 받은 데이터의 분석은 대응 표본 t검정 ········· 116

제7장 식당 업무를 좀더 자세히 분석한다 — 121

7.1 분산분석과 회귀분석 ········· 122
7.2 여러 그룹의 평균값 비교는 분산분석으로 ········· 128

7.3 품종 차이에 따른 토마토 크기 ·········· 130
7.4 매출 예측은 회귀분석으로 ·········· 142

제8장 설문조사를 하는 단계가 있어요 · 153

8.1 분할표의 비밀을 파헤치다 ·········· 154
8.2 분할표와 그래프 만들기 ·········· 160
8.3 피벗 테이블에서 값만 가진 분할표 만들기 ·········· 162

제9장 설문지의 집계에서 카이제곱 검정으로 · 165

9.1 분할표에서 구하는 카이제곱값은 무엇일까? ·········· 166
9.2 카이제곱 분포를 경험한다 ·········· 172

제10장 고민 해결은 카이제곱 검정으로 – 취업 활동 응용편 – · 187

10.1 고민 해결은 카이제곱 검정으로 ·········· 188
10.2 취업 활동을 조금이라도 편하게 하려면? ·········· 204
10.3 대학 면접 자신감 여부와 입사 시험에 대한 자신감 유무 ·········· 205
10.4 전후 비교는 맥니마 검정으로 ·········· 206
10.5 고등학교 때 입시에 자신 있었던 사람은 대학에서는 어떨까? – 맥니마 검정 소개의 실제 ·· 207
10.6 맥니마 검정이 학생 식당 업무 개선에 도움이 될까? ·········· 208
10.7 기존의 분포와 비교하기 위한 1표본 카이제곱 검정 ·········· 210

에필로그 이제 통계학 혐오증은 안녕 · 213

11.1 결론 ·········· 214

마지막으로 · 감사의 글 ·········· 216
찾아보기 ·········· 217

※이 책의 엑셀 예제 파일은 연습용으로 (주)성안당 홈페이지 자료실(www.cyber.co.kr)에서 회원가입 후 다운로드 가능합니다.

프롤로그

통계학의 핵심은 단 3개뿐

우선 이것만! 통계학

1. 데이터를 모아 표시한다.
2. 대소관계를 고려한다.
3. 분할표의 내용을 고려한다.

memo

제1장

데이터 분석을 시작하기 전에

1.1 통계학으로 배우는 것

- 데이터의 종류(척도)
- 모집단과 표본

1.2 데이터의 종류(척도)

■ 연속 척도

자, 측정기 등 수치로 측정할 수 있는 것들입니다.

연속 척도는 측정할 수 있고 사칙연산을 할 수 있고 평균값을 구할 수 있다는 특징이 있습니다.

무게 / 시간 / 높이 / 750원 가격 등 — **비례 척도**

온도(섭씨) / 시험 점수 등 — **간격 척도**

구체적으로는 간격 척도와 비례 척도로 구분하지만 이번에는 '연속 척도'로 일괄적으로 다룹니다.

■ 명목 척도

종류의 차이만 신경을 쓰는 것입니다.

과일의 종류나 성별…. 설문지의 Yes/No는 명목 척도입니다.

감귤 / 사과 / 포도 — **종류**

남 / 여 — **성별**

Yes/No — **설문지의 Yes/No**

△△시 / ○○로 — **주소 등**

명목 척도의 변수를 모아 집계하면 분할표가 만들어집니다. 설문지 집계 분석은 반드시 이해해야 합니다.

분할표

1.3 모집단과 표본

- 데이터의 종류(척도)
- 모집단과 표본

그렇다고 전수조사를 하는 것은 일반적으로 어렵습니다.

모집단은 많은 경우 실태가 불분명한 경우가 많습니다.

일부 표본을 추출하여 분석하는 것이 통계 분석을 하는 사람의 기본적인 입장이라고 할 수 있습니다.

'시험 점수' 등 모집단이 분명한 경우도 있습니다.

예를 들어 '경쟁 식당의 튀김 크기는 우리랑 다르게 균일한가?'를 조사하고 싶어도 우리가 모든 데이터를 수집할 수는 없잖아요?

그럼 어떻게 할까요?

검정을 실시합니다.

검정이란 모집단을 추측하기 위해 가설을 세우고, 표본을 비교하여 어느 정도 확실한지 통계로 밝혀내는 절차를 말합니다.

어쨌든 눈앞에 있는 표본만 진실이라고 생각하지 마세요.

편리한 데이터만 제시하여 사람을 속이는 사람이 있는가 하면 반대로 정당한 분석을 무턱대고 의심하는 사람도 있습니다.

둘 다 통계학적인 사고방식이라고 할 수 없습니다.

제1장 데이터 분석을 시작하기 전에 17

으음… 왠지 통계학이란 굉장히 중요한 것 같군요.

이해해 줘서 기쁘게 생각합니다.

어쨌든 **척도, 모집단, 표본** 이것들이 분석의 기본입니다.

와우

오늘은 아래의 체크리스트를 확인하시기 바랍니다.

- ■ 주변의 사물로 명목 척도의 예를 들 수 있다.
- ■ 순서 척도의 특징을 말할 수 있다.
- ■ 연속 척도의 특징을 말할 수 있다.
- ■ 주변의 사물로 연속 척도의 예를 들 수 있다.
- ■ 모집단과 표본의 차이를 말할 수 있다.
- ■ 표본은 추출할 때마다 그 값이 변한다는 것을 이해할 수 있다.

…하지만 데이터를 일일이 손으로 쓰거나 계산하는 것은 번거롭군요.

지금은 좋은 것이 있습니다.

엑셀입니다.

표본에 따라 얼마나 값이 달라지는지 체감할 수 있도록 시뮬레이션용 표본 데이터를 만들어 분석해 봅시다.

(참고) 이 책에서 생성하는 정규분포를 따르는 표본은 표준정규분포 함수와 균일 난수 RAND()를 이용하여 다음과 같이 만들었습니다. 관심이 있다면 엑셀의 도움말 기능으로 의미를 찾아보기 바랍니다.
NORM.S.INV(RAND())*표준편차+평균

1.4 엑셀로 표본을 만들어 분석합시다

여기서는 통계를 공부하는 소재로 종모양의 정규분포를 따르는, 개당 무게가 50g, 표준편차가 5g인 튀김을 예로 들어보겠습니다. 따라서 이러한 튀김의 표본 데이터를 엑셀에서 5개가 한 그룹인 1024그룹을 만들어 분석합니다. 독자들은 튀김 50g을 계란 50g, 시속 50km, 수입 50만원, 지름 50cm의 피자 등 자신이 관심을 가질 수 있는 데이터로 대체하여 이 책을 읽어나가기 바랍니다.

그런데 '튀김 50g을 꺼냈다'라고 교과서에 쓰여 있으면, 많은 사람들이 '아 그렇구나'라고 생각하고 더 이상 생각하지 않는 것 같습니다. 하지만 수많은 튀김 더미에서 튀김 한 개를 꺼내면 항상 같은 값일까요? 우연히 꺼낸 튀김의 무게로 크고 작음을 판단할 수 있을까요? 또한, 한 개씩 꺼낸 튀김의 무게 평균은 어떻게 될까요? 여기서는 모집단에서 표본을 추출하면 표본의 값이 항상 같은 값을 얻지 못한다는 것을 경험해 보도록 하겠습니다.

● 튀김을 꺼내는 시뮬레이션

	E	F	G	H	I	J	K	L	M	N	O	P	Q	R	S	T	U	V	W	X	Y
2	평균	50																			
3	표준편차	5				생성한 데이터에서 꺼내기									실험용으로 생성한 튀김 데이터					
4																5120 개(1024*5)					
5					No	U-1	U-2	U-3	U-4	U-5						u1	u2	u3	u4	u5	
6					1	46.0										46.0	53.3	39.1	51.7	52.5	
7					2	45.7	43.3	53.5	47.5	49.9						45.7	43.3	53.5	47.5	49.9	
8					3											46.9	42.9	45.9	48.7	52.8	
9					4											56.9	56.9	54.8	51.1	54.4	
10					5											49.5	56.6	48.2	57.2	55.7	
11					6											44.9	51.2	56.9	50.8	47.3	
12					7											46.8	46.2	51.7	47.1	60.5	
13					8											52.0	50.5	51.9	51.4	43.4	

먼저 준비한 엑셀 파일을 열어주세요. 이 데이터들은 엑셀의 난수 생성 함수를 사용하여 구한 것이므로, PC의 F9 또는 Shift + F9를 누르면 데이터 값이 바뀝니다. 앞으로 이러한 작업을 이 책에서는 '값을 갱신한다'라고 표현합니다.

먼저 닭튀김은 평균 50g, 표준편차를 5g으로 가정합니다. 표준편차란 뒤에 설명하겠지만 간격비례척도 변수의 데이터 분포의 편차이며, 데이터 분포를 나타내는 그래프의 폭이라고도 할 수 있습니다. 이 '표준편차'는 매우 중요한 내용이기 때문에 앞으로 계속 설명하겠습니다.

자, 여기서부터 분석 설명 중에 U, V 등의 기호가 나옵니다. 이는 통계학 교과서에서 수식에 자주 쓰이는 문자인데, 이 책에서는 식당 이름의 약칭으로 U=Universe 점, V=Victory 점으로 합니다. U1은 Universe에서 생성된 데이터를 한 개 꺼낸 것으로 생각하시면 됩니다.

그림에서는 식당 Universe에서 조리한 튀김을 5개씩 1024그룹을 기록하고, 그 중 일부를 추출하여 화면 중앙에 가져왔다고 생각하시면 됩니다. J6 셀에서는 오른쪽 데이터에서 한 개를, J7부터 N7 셀에 걸쳐서는 오른쪽 데이터에서 5개를 중앙에 옮겨 적었다고 가정하고 그래프를 작성했습니다.

먼저 튀김 1개와 튀김 5개 각각의 무게를 살펴봅시다. 준비된 파일로 값을 갱신하세요. 실제 튀김은 튀김옷의 크기도 다르고, 자를 때 닭고기의 크기, 요리사에 따라 자르는 방법의 차이, 조리 조건에 따라 완성된 튀김의 무게가 달라질 수 있습니다. 이들을 엑셀 시트에서는 값을 갱신하는 방식으로 재현했습니다.

데이터는 측정할 때 항상 정해진 같은 값이 되는 것이 아니라, 모집단에서 데이터를 추출할 때마다 그 개별 값이 변한다는 것, 이것이 통계학을 공부하는 데 있어 중요한 점입니다.

1.5 우선 데이터 분포를 표시하는 방법을 파악합시다

여기에서 엑셀에서 데이터를 쉽게 표시하는 방법인 히스토그램, 상자 수염 그림, 피벗 테이블의 3종류에 대해 간략하게 설명합니다.

- **히스토그램**: 연속 척도 데이터의 그래프를 작성하는 방법입니다. 데이터를 빠르게 표시할 수 있는 편리한 기법입니다. 히스토그램은 막대 그래프와 달리 데이터를 일정 범위의 계급값으로 구분하여 그 안에 데이터 빈도를 나타내는 그래프입니다. 엑셀의 히스토그램은 한 가지 유형의 변수 분포만 표시할 수 있지만, 분포를 즉시 표현할 수 있는 편리한 기법입니다.

■ 히스토그램의 예

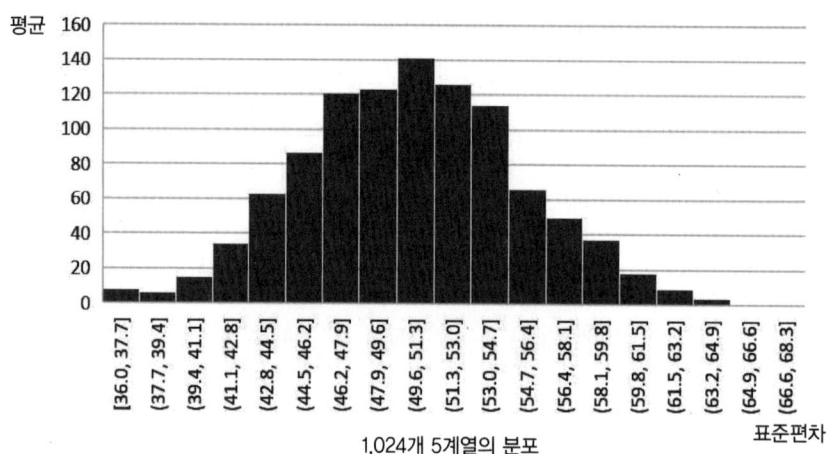

- **상자 수염 그림**: 다음과 같은 상자 모양의 그래프로 데이터 분포를 나타내는 그래프입니다. 상자 아래쪽이 전체 25%, 위쪽이 75% 등, 데이터 분포를 파악하는 데 중요한 위치를 그림으로 표시할 수 있어 독자가 쉽게 이해할 수 있는 데이터 표시 방식입니다. 여러 종류의 측정값을 요약하여 표시할 때 편리합니다.

● 상자 수염 그림의 예

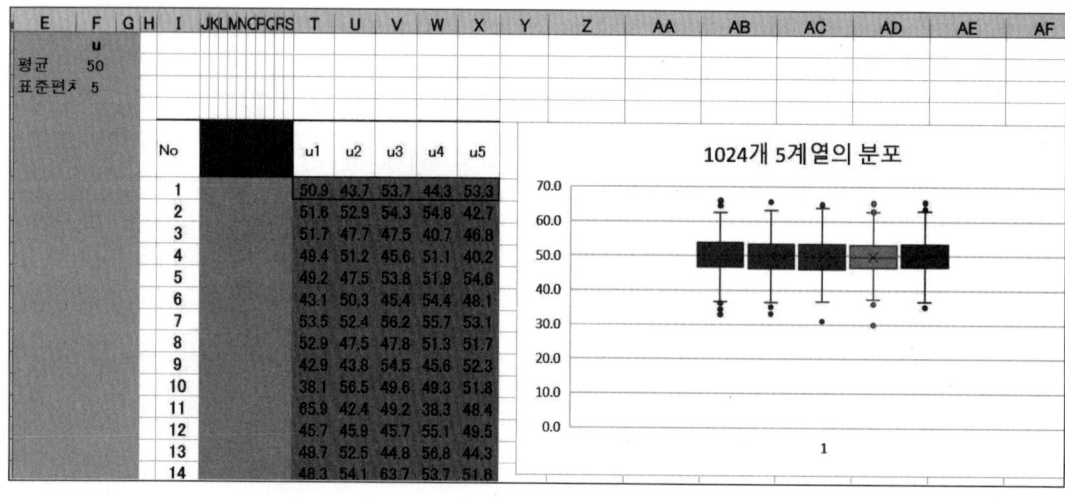

- **피벗 테이블**: 데이터 분할표와 그래프를 작성합니다. 설문조사의 집계, 그래프 작성에 위력을 발휘합니다. 설문조사 등 명목 척도 변수에서 즉시 분할표를 만들 수 있는 편리한 기술입니다. 1,000건이든 1만 건이든 즉시 데이터를 집계하기 때문에 분석하는 사람 입장에서는 매우 고마운 기능입니다.

● 피벗 테이블과 그래프

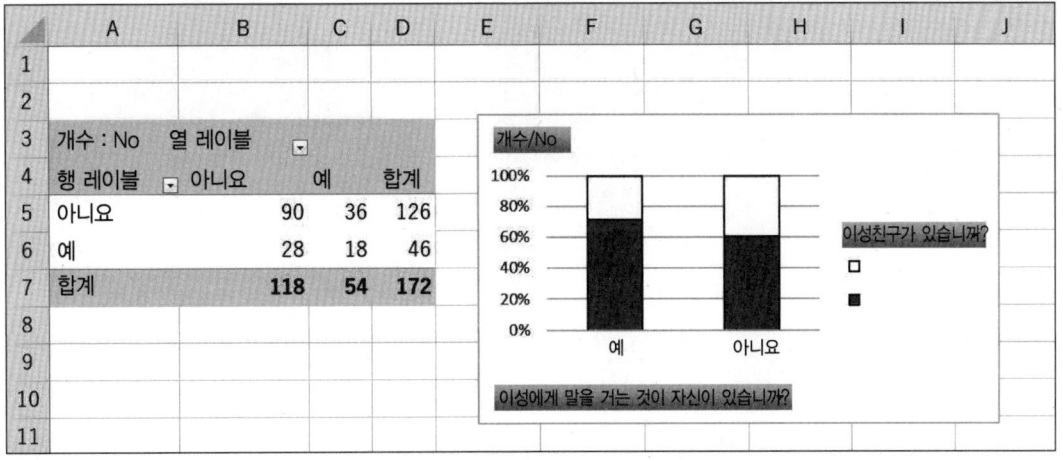

이러한 데이터 표시 방법은 프레젠테이션 자료를 만들 때 매우 유용하게 사용할 수 있습니다. 이것을 모르는 다른 사람보다 훨씬 빨리 도표를 만들 수 있으니 꼭 마스터합시다.

1.6 히스토그램 작성 방법

엑셀의 히스토그램은 엑셀의 세로 1열 또는 가로 1행에 있는 숫자로부터 바로 숫자의 분포를 나타내는 그래프를 만들어 줍니다. 여기서 데이터를 갱신할 때마다 추출한 값이 달라진다는 점에 주목하기 바랍니다. 모집단에서 추출한 표본의 값은 항상 같은 값이 아니라 값을 갱신할 때마다 변하는 것이 중요합니다.

● 히스토그램 작성 방법

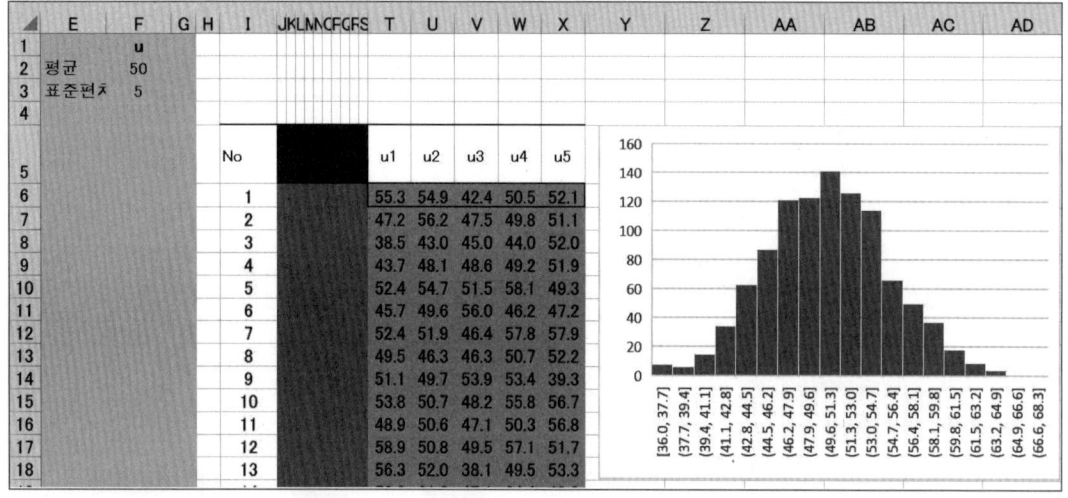

파일을 열어 다음 작업을 수행합니다. 파일을 열었을 때 그림의 오른쪽 히스토그램, 즉 처리 결과는 아직 없습니다. 참고로 설명문에서 Ctrl + Shift + → 라고 적혀 있는 것은 Ctrl 키를 누른 채로 Shift 키를 누른 상태에서 오른쪽 화살표 키를 누른다는 의미입니다. 앞으로의 엑셀 작업 설명에서 '+' 기호는 키를 동시에 누른다는 의미로 사용합니다.

먼저 파일을 엽니다.

》》 T6 셀을 클릭

》》 Ctrl + Shift + → ⇒ Ctrl + Shift + ↓ 로 일련의 영역을 선택

》》 메뉴에서 삽입 ⇒ 차트 ⇒ 모든 차트 ⇒ 히스토그램 선택

》》 작성한 히스토그램 클릭 ⇒ Ctrl + X 로 자르기 ⇒ 엑셀 시트 상단으로 커서를 이동

》》 Z5 셀 근처의 임의의 셀을 클릭 ⇒ Ctrl + V 로 그래프 붙여넣기

히스토그램의 기능은 대상 셀을 선택하여 빠르게 그래프를 그리는 것입니다. 이와 함께 X축 위, 즉 위의 히스토그램에서 X축(가로축) 아래 36.0, 37.0 등 계급값이 적혀있는 부분을 더블 클릭하면 간격(계급값)의 폭, 개수, 최솟값, 최댓값 등을 조절할 수 있어 데이터 분포를 쉽게 파악할 수 있습니다.

1.7 상자 수염 그림을 만드는 방법

상자 수염 그림은 상자 모양의 그래프를 사용하여 다른 데이터로부터 극단적으로 벗어난 이상값을 나타냄과 동시에 상자 하단에 전체 개수의 1/4 위치에 있는 25% 값(제1사분위수), 상자 중앙에 가로줄로 중앙값을 표시합니다. 이와 함께 상자 상단에 전체 개수의 3/4에 해당하는 75% 값(제3사분위수)과 상자 중앙에 ×표시로 평균값을 표시합니다. 그리고 25% 값에서 75% 값까지 범위로 정의된 4분위 범위에서 1.5배까지의 길이까지 수염을 늘립니다.

이 수염의 사용법은 마이크로소프트 엑셀에서는 사분위수 범위의 1.5배까지만 수염을 늘린다고 정의하고 있습니다. 그 이상, 그 이하의 값은 분포에서 벗어난 값이라고 할 수 있습니다. 따라서 그 범위 밖에 있는 데이터는 그림과 같이 ○표로 표시한 이상값이 됩니다.

또한, 상자 수염 그림의 종류(소프트웨어의 버전 차이 등)에 따라 편찻값의 표현이 조금씩 다르므로, 실제로 상자 수염 그림을 사용할 때는 사용한 소프트웨어(애플리케이션)의 편찻값 정의를 확인하여 사용해야 합니다.

● 상자 수염 그림의 설명

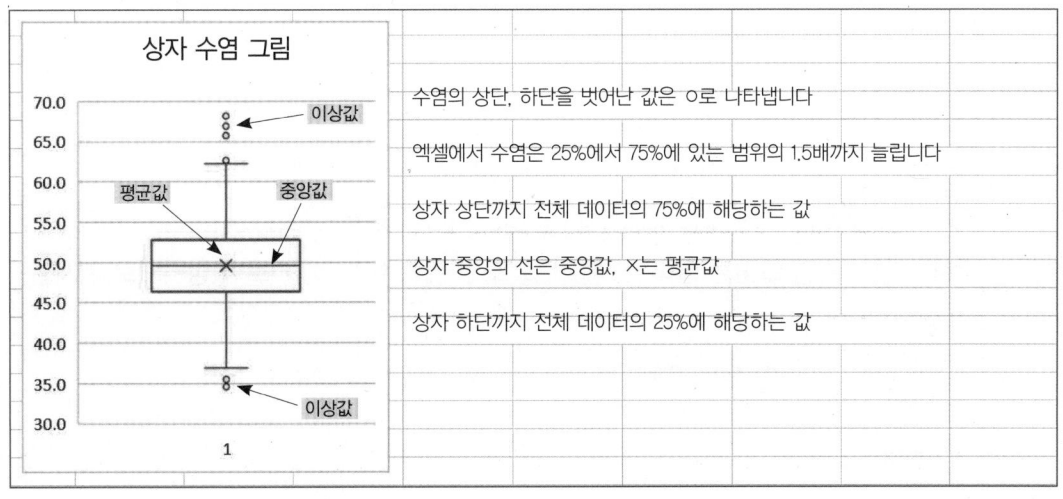

상자 수염 그림으로 여러 데이터를 표시하는 예시입니다. 데이터는 앞에서 히스토그램을 만들 때와 동일한 데이터를 사용했습니다. 화면 맨 왼쪽의 상자 수염 그림이 u1의 분포, 맨 오른쪽이 u5의 데이터 분포가 됩니다.

● 상자 수염 그림 작성 방법

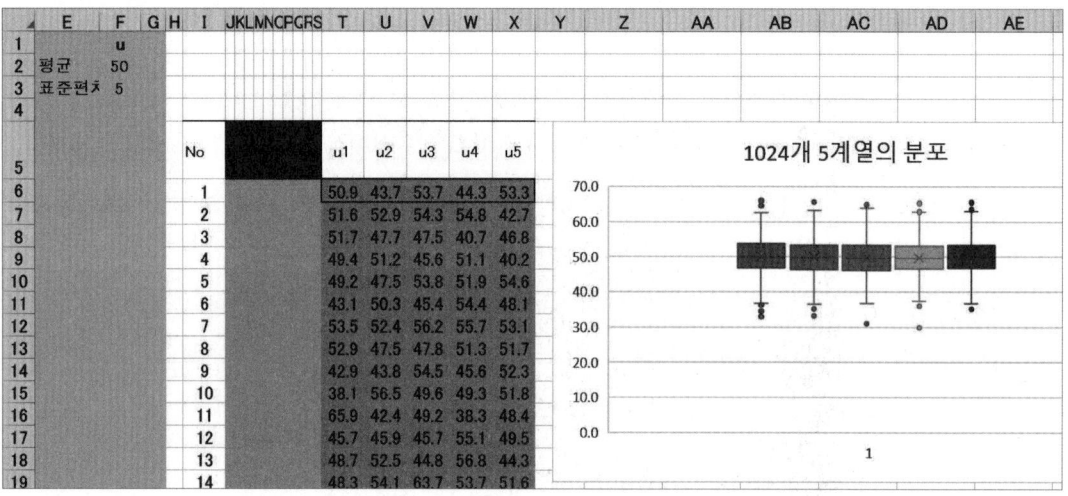

파일을 열고 엑셀 시트의 T5 셀을 클릭하여 다음 작업을 수행합니다.

>>> T5 셀을 클릭
>>> Ctrl + Shift + → ⇒ Ctrl + Shift + ↓로 일련의 영역을 선택
>>> 메뉴에서 삽입 ⇒ 차트 ⇒ 모든 차트 ⇒ 상자 수염 그림을 선택
>>> 작성한 상자 수염 그림을 클릭 ⇒ Ctrl + X로 자르기 ⇒ Excel 시트의 상단으로 커서를 이동
>>> Y4 셀 근처의 임의의 셀을 클릭 ⇒ Ctrl + V로 그래프 붙여넣기

데이터를 갱신하면 상자 수염 그림의 모양은 변하지 않지만, 이상값이 미묘하게 변화하는 것을 볼 수 있습니다. 즉, 표본의 데이터는 추출할 때마다 미묘하게 다른 점을 경험할 수 있습니다. 또한, 다음과 같이 데이터를 세로로 쌓아서 변수명을 배치하면 X축에 변수명 레이블을 설정할 수 있어 매우 편리합니다.

● 상자 수염 그림에 변수명 입력

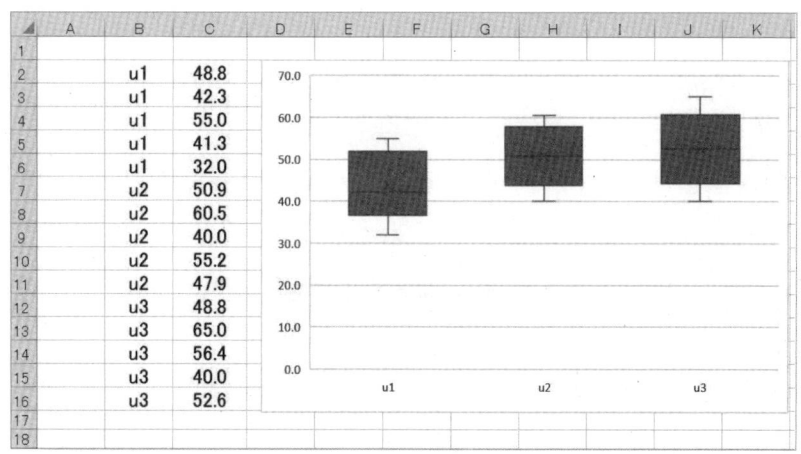

1.8 히스토그램과 상자 수염 그림의 비교

분포가 다른 데이터를 상자 수염 그림과 히스토그램으로 표현해 봅시다. 여기서는 가상의 데이터로 A부터 F의 식당에서 하루에 햄버거를 10개씩, 한 달에 25일 영업한 4개월 간의 값을 모았다고 가정해 봅시다. 이론적으로 식당별 데이터는 1,000개인데, 중간에 휴일이 있어 990개의 햄버거 무게 값을 모았다고 가정해 봅시다. 햄버거 무게의 기준은 한 개당 150g으로 가정하고, 각 식당에서 만든 햄버거의 무게 분포가 어떻게 되었는지 알아봅니다.

● 6종류의 상자 수염 그림을 작성

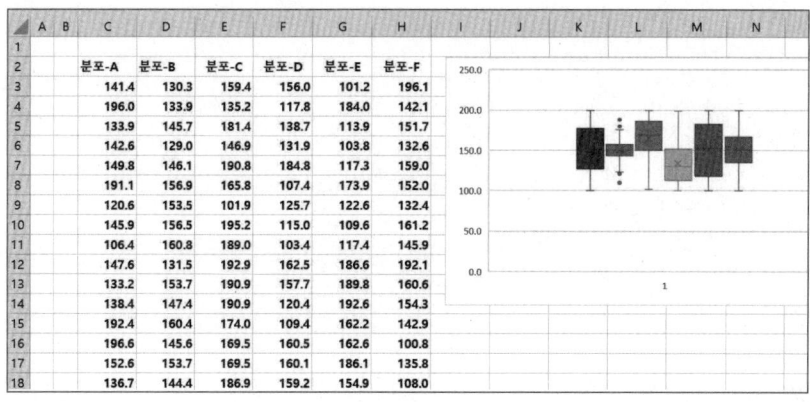

파일을 엽니다.

- » C2 셀을 클릭 ⇒ Ctrl + Shift + → ⇒ Ctrl + Shift + ↓로 일련의 영역을 선택
- » 메뉴에서 삽입 ⇒ 차트 ⇒ 모든 차트 ⇒ 상자 수염 그림을 선택
- » 작성한 상자 수염 그림을 클릭 ⇒ Ctrl + X로 잘라내기 ⇒ 엑셀 시트의 상단으로 커서를 이동
- » I2 셀 근처의 임의의 셀을 클릭 ⇒ Ctrl + V로 그래프를 붙여넣기

이를 보면 각 식당에서 조리한 햄버거의 무게 편차를 알 수 있습니다. 정해진 150g에 가까운 값으로 만들고 있는지, 이상하게 큰 것을 만들지 않았는지, 작은 것을 만들지 않았는지 등을 알 수 있습니다.

각각의 상자 수염 그림을 보면 상한값과 하한값은 100~200g 사이에 있습니다. 분포 B의 B 식당은 중앙의 150g 주변에 무게가 집중되어 있기 때문에 정해진 무게인 150g에 거의 맞춰서 만들고 있다고 볼 수 있고, A 식당과 E 식당은 상자의 위 아래가 길어 햄버거 무게의 기준을 무시하고 기준보다 크고 작은 햄버거를 만들고 있다고 볼 수 있습니다.

하지만 상자 모양만으로는 어느 정도 무게의 햄버거가 얼마나 자주 나오는 것까지는 알 수 없습니다. 상자 수염 그림은 데이터 분포의 25% 값, 중앙값, 75% 값 등은 알 수 있지만, 각 데이터의 계급값의 빈도(개수)는 알 수 없습니다.

이제 방금 전의 데이터를 '히스토그램'으로 표시해 봅시다. 히스토그램은 한 번에 하나의 그래프만 만들 수 있으므로, 6개의 히스토그램을 만든 후 보기 좋게 다시 배치하여 표시하기 바랍니다.

● 6종류의 히스토그램을 작성

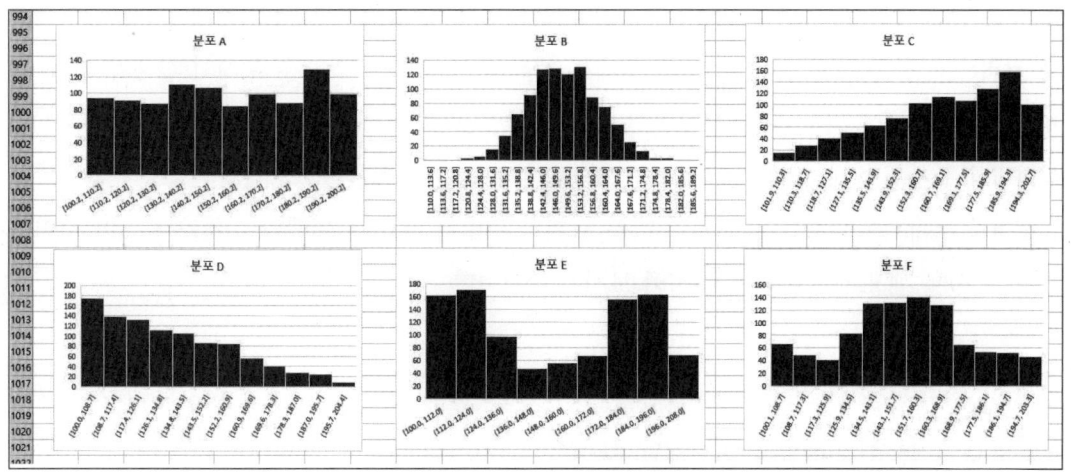

이를 살펴보면, 분포 A(식당 A)는 무게가 균일하게 분포하는 분포, 분포 B는 일반적인 평균값이 많은 종 모양의 정규분포, 분포 C는 값이 커질수록 빈도가 많아지는 분포, 분포 D는 그 반대, 분포 E는 중앙의 데이터가 줄어드는 분포, 분포 F는 중앙의 값이 많은 분포라는 특징을 알 수 있습니다.

엑셀의 히스토그램은 한 번에 하나의 그래프만 만들 수 있지만 전체 빈도를 쉽게 파악할 수 있습니다. 반면 상자 수염 그림은 데이터의 분포를 파악하는 데 중요한 25% 값, 중앙값, 75% 값, 이상값을 한꺼번에 정리하여 명확하게 파악할 수 있습니다. 따라서 어떤 데이터가 있으면 먼저 히스토그램이나 상자 수염 그림으로 분포를 살펴보는 것이 좋습니다. 데이터를 확인하면 이상값을 놓쳐서 잘못된 판단을 하는 문제를 피할 수 있습니다.

햄버거의 무게에 별로 관심이 없는 분들을 위해 한 가지 힌트를 드리겠습니다. 무게에 잘 쓰이지 않는 단위이지만 데시그램이라는 단위가 있습니다. 이것은 1그램의 1/10을 1데시그램으로 하는 것입니다. 앞서 그림에서 무게의 단위로 데시그램을 사용하고, 햄버거가 아닌 18금 액세서리의 무게라는 설정으로 이 데이터를 다시 한 번 살펴보기 바랍니다. 18금 목걸이로 100데시그램에서 200데시그램, 즉 10그램에서 20그램의 액세서리는 얼마든지 있습니다.

그런 가정 하에 그림을 보면, 매장별 무게의 합이 매출의 기준이 될 수 있습니다. 그러면 A~F 중 어느 매장이 가장 매출이 많았는지, 그 매장에서는 어느 정도 무게의 액세서리를 중점적으로 구비하면 좋을지 알 수 있습니다. 실제로 계산해 보면 분포의 경우 무게의 합계가 가장 큰 164072.4데시그램 = 16407.24그램 = 16.40724kg이 됩니다. 그러면 판매된 액세서리의 무게 데이터에서 무거운 액세서리를 더 많이 구입하는 것이 좋다는 결론을 도출할 수 있습니다.

햄버거 무게로는 데이터 분석에 흥미를 느끼지 못하는 분들은 예제의 수치를 자신이 흥미를 느낄 수 있는 내용으로 바꿔서 분석해 보시기 바랍니다.

1.9 피벗 테이블의 사용 방법

지금까지는 연속 척도의 변수를 히스토그램이나 상자 수염 그림으로 표시하는 예를 제시했습니다. 이번에는 명목 척도나 순서 척도의 데이터로 분할표를 빠르게 만드는 피벗 테이블의 작업을 설명하겠습니다.

● 피벗 테이블을 작성

	A	B	C
1	성별	계란말이에 무엇을 첨가하나요?	
2	남	간장 외	
3	남	간장	
4	여	간장	
5	여	간장	
6	남	간장	
7	남	간장 외	
8	남	간장	
139	남	간장 외	
140	남	간장	
141	남	간장	
142	여	간장 외	
143	남	간장 외	

위 데이터는 학생들에게 평소 계란말이에 무엇을 첨가하여 먹는지 물어 본 결과입니다. 이를 집계해 봅시다.

먼저 전체 데이터가 몇 건 정도인지, 메모지에 건수를 기록해 둡니다. 이를 위해 성별 셀을 마우스로 클릭한 후 Ctrl + ↓ 키로 커서를 일련의 끝까지 이동합니다. 그러면 전체 데이터가 몇 건인지 알 수 있습니다. 참고로 성별 데이터에 미입력, 즉 누락된 데이터가 있으면 커서가 해당 셀 앞에서 멈춥니다. 이럴 때는 다시 Ctrl + ↓ 키를 눌러 반드시 맨 아래쪽 셀까지 다시 이동하여 전체 건수를 확인하기 바랍니다.

다음으로 파일을 열어주세요.

- 표 내부를 클릭하고 Ctrl + A 를 눌러 전체 데이터를 선택
- 또는 A1 셀을 클릭하고 Ctrl + Shift + →, Ctrl + Shift + ↓ 로 일련의 영역을 선택
- 또는 표의 왼쪽 상단을 클릭하고 Ctrl + A 로 표 전체를 선택
- 메뉴에서 삽입 ⇒ 피벗 차트 ⇒ 피벗 차트 및 피벗 테이블 ⇒ 표/범위 ⇒ [확인]을 누름
- '성별' 항목을 마우스 왼쪽 클릭 ⇒ 오른쪽 하단의 Σ 값 위치에 '성별'을 드래그하여 배치
- 행에 '성별'을 배치
- 열에 '계란말이에 무엇을 첨가하나요?'를 배치

이 예에서는 성별이 남녀로 입력되어 있습니다. 하지만 숫자 변수를 피벗 테이블로 집계하면 초기 설정에서 '합계'를 구하게 됩니다. 따라서 집계한 결과가 메모지에 적은 전체 건수와 크게 차이가 나지 않는지 반드시 확인하시기 바랍니다. 필자는 이 책과 같은 내용의 강의를 수십 년 동안 해 왔지만, 작업에 열중하여 엉뚱한 합계를 내고도 실수를 깨닫지 못하는 사람들을 매년 많이 봅니다. 즉, 이러한 작업은 상당히 실수하기 쉬운 부분이기 때문에 독자 여러분도 충분히 주의하시기 바랍니다.

● 작성된 피벗 테이블

	A	B	C	D	E
1					
2					
3	개수 : 성별	열 레이블 ▼			
4	행 레이블 ▼	간장	간장 외	총합계	
5	남	92	33	125	
6	여	6	11	17	
7	총합계	98	44	142	
8					

피벗 테이블 결과만으로는 변수의 의미를 파악하기 어렵기 때문에 표를 수정합니다. 표 중앙의 집계한 값 부분과 '개수:성별'이라고 적힌 부분 외에는 문자를 입력할 수 있으므로 아래와 같이 알기 쉽게 수정할 수 있습니다.

● 피벗 테이블의 수정

	A	B	C	D	E
1					
2					
3	개수 : 성별	조미료의 종류 ▼			
4	행 레이블 ▼	간장	간장 외	총합계	
5	남	92	33	125	
6	여	6	11	17	
7	총합계	98	44	142	
8					

변수 이름은 가나다 순서로 정렬됩니다. 원하는 순서대로 변수를 표시하고 싶다면 데이터 앞에 숫자를 붙이면 됩니다. 변수 이름이 성별이고 데이터가 남자 또는 여자인 경우, 데이터를 수집할 때 남자: 남자, 여자: 여자로 값을 기록하는 것을 추천합니다.

1.10 피벗 테이블로부터 그래프를 작성

마지막으로 분할표를 그래프로 만들어 봅시다. 사용하는 것은 처음에 생성한 피벗 테이블에 열 레이블, 행 레이블이 표시되어 있는 피벗 테이블을 사용합니다.

● 피벗 테이블로부터 그래프를 작성

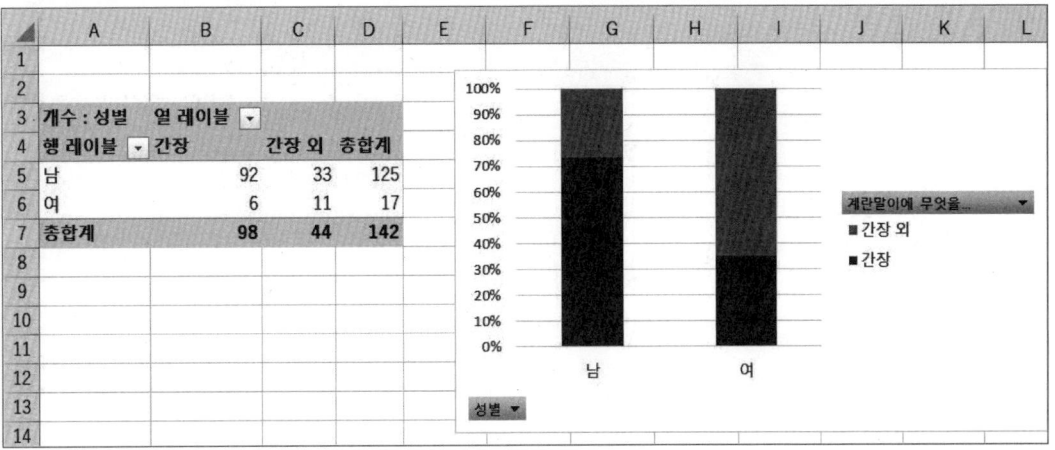

다음과 같이 작성합니다.

>>> 일단 작성한 피벗 테이블의 내용을 클릭
>>> 메뉴에서 삽입 ⇒ 피벗 차트 ⇒ 세로 막대형 ⇒ 100% 기준 누적 세로 막대형 ⇒ [확인]을 선택

이제 각 항목별로 전체에 대한 비율을 100%로 표시한 100% 누적 막대 그래프가 완성되었습니다. 이 그래프를 보면 남성들이 계란말이에 간장을 많이 사용하는 것으로 보입니다. 하지만 단순히 그렇게 단정지을 수 있을까요? 이 점에 대해서는 다음 장에서 다루도록 하겠습니다.

요약

　데이터를 표시하는 방법으로 히스토그램, 상자 수염 그림, 피벗 테이블을 경험했습니다. 데이터를 수집하여 표시하고 분석하는 것만으로도 다양한 정보를 얻을 수 있습니다. 다른 사람에게 분석을 의뢰하고 그 결과를 기다리기보다, 스스로 분석할 수 있도록 엑셀 사용법을 잘 이해하기 바랍니다.

- 표본은 추출할 때마다 값이 다르다는 것을 이해할 수 있다(이것이 가장 중요).
- 히스토그램을 만들 수 있다.
- 상자 수염 그림을 만들 수 있다.
- 상자 수염 그림의 25%, 50%, 75%, 이상값을 이해할 수 있다.
- 피벗 테이블 기능으로 분할표를 만들 수 있다.
- 수치로 피벗 테이블을 만들 때, 합계를 취하는 것을 이해할 수 있다.
- 분할표에서 100% 누적 막대 그래프 등의 그래프를 만들 수 있다.

제2장

정규분포를 이해하여 분석을 쉽게 해 보기

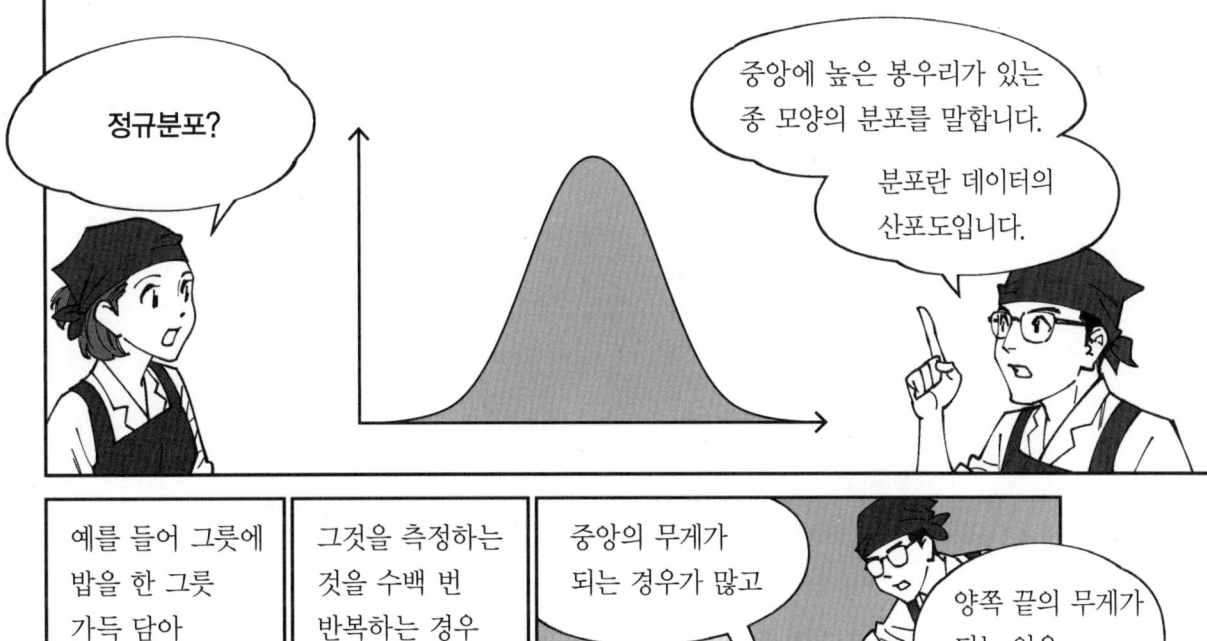

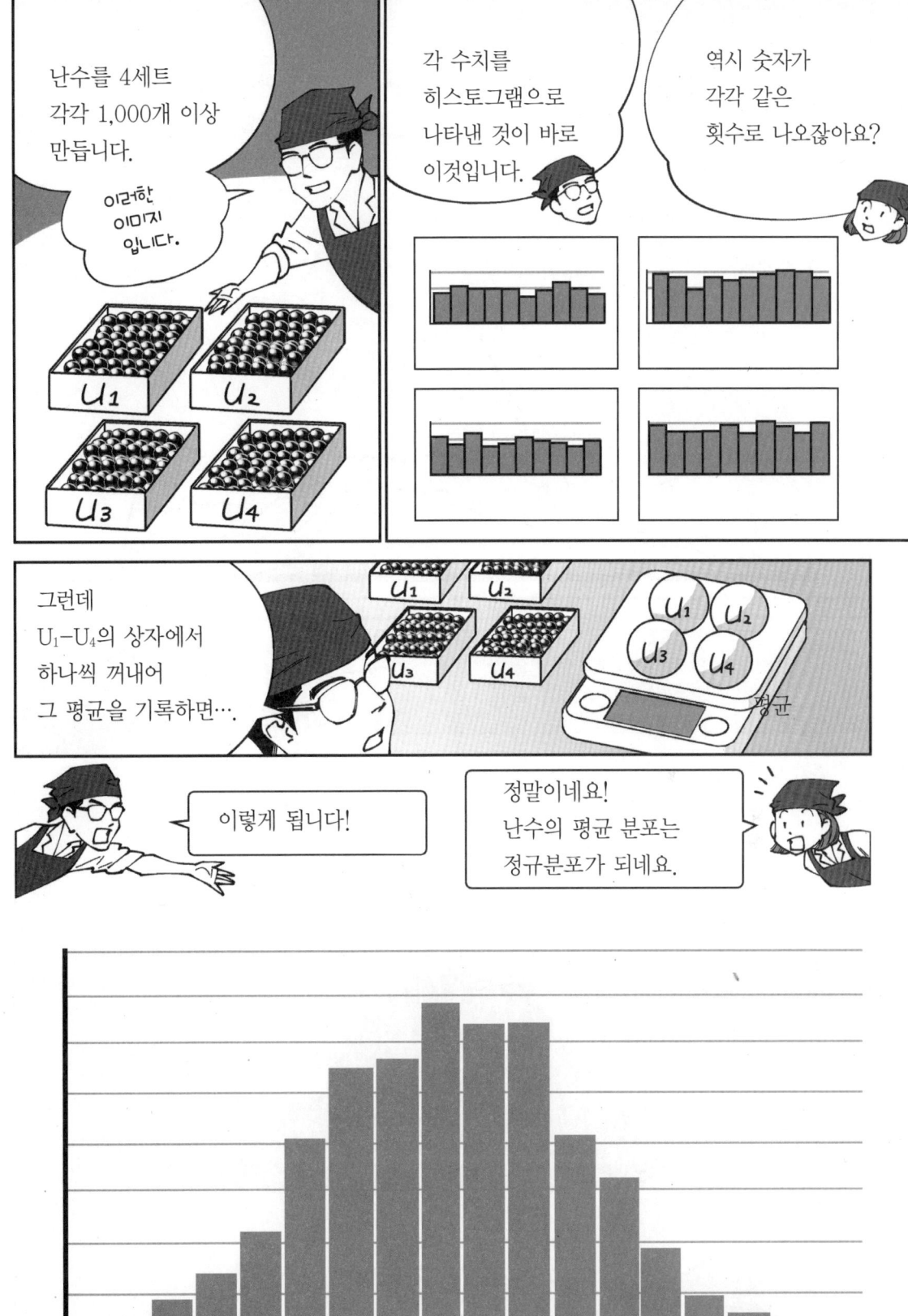

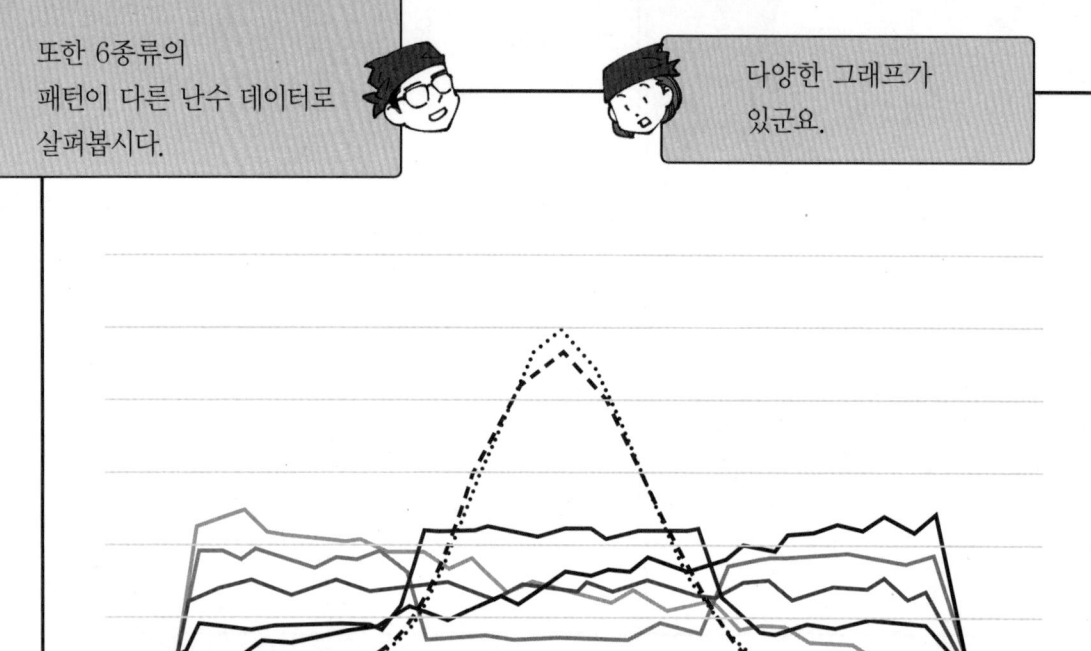

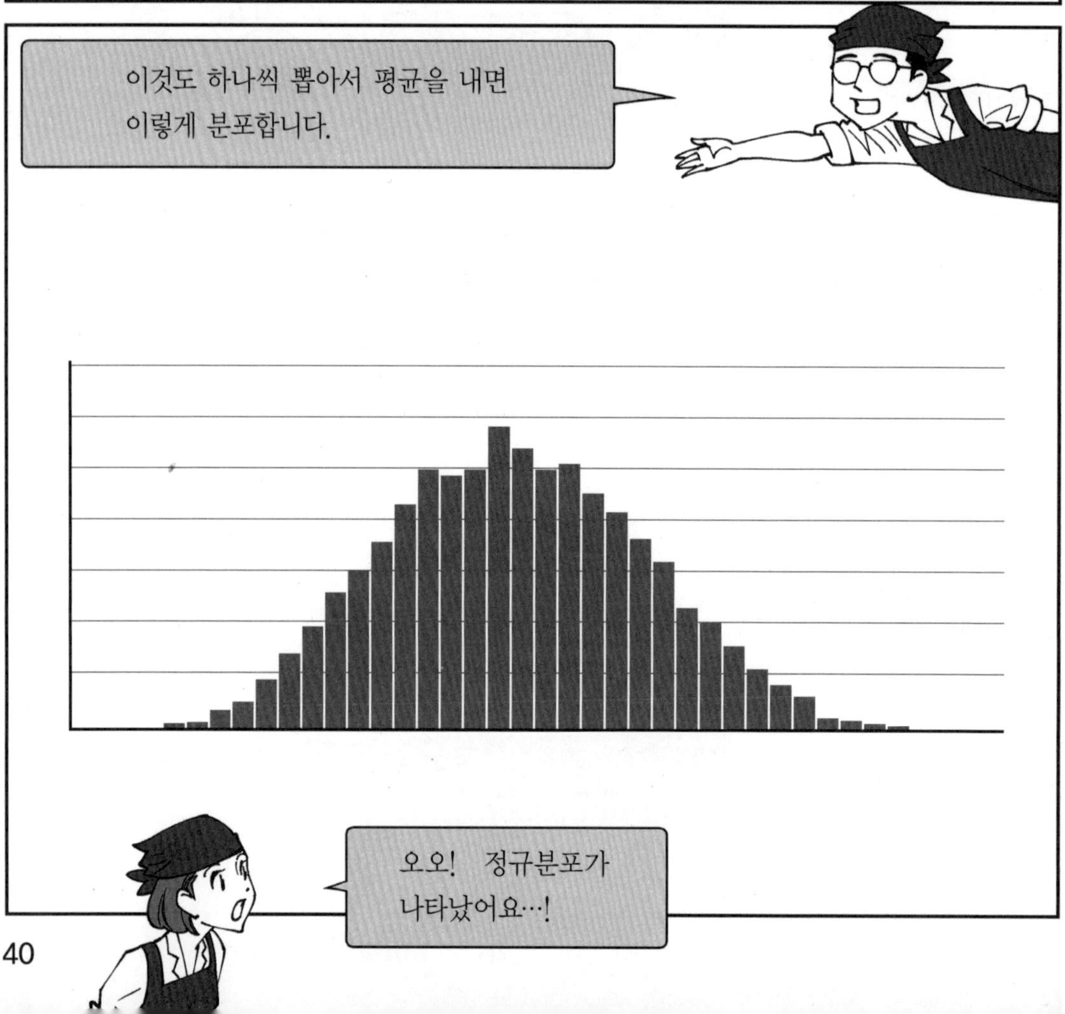

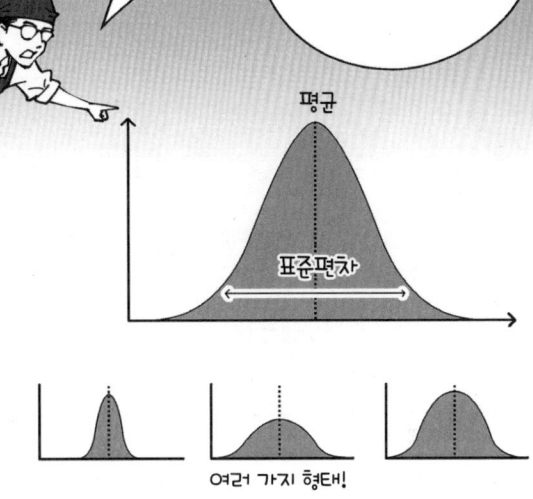

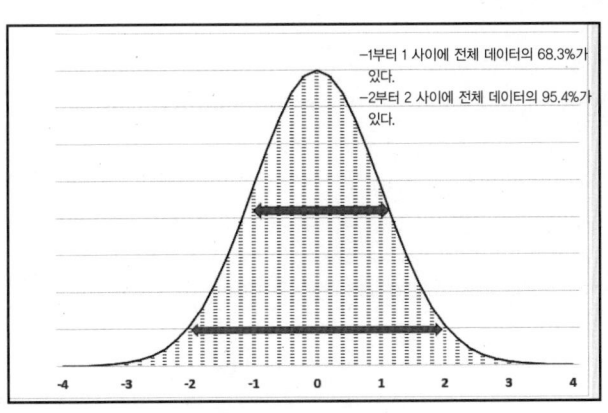

−1부터 1 사이에 전체 데이터의 68.3%가 있다.
−2부터 2 사이에 전체 데이터의 95.4%가 있다.

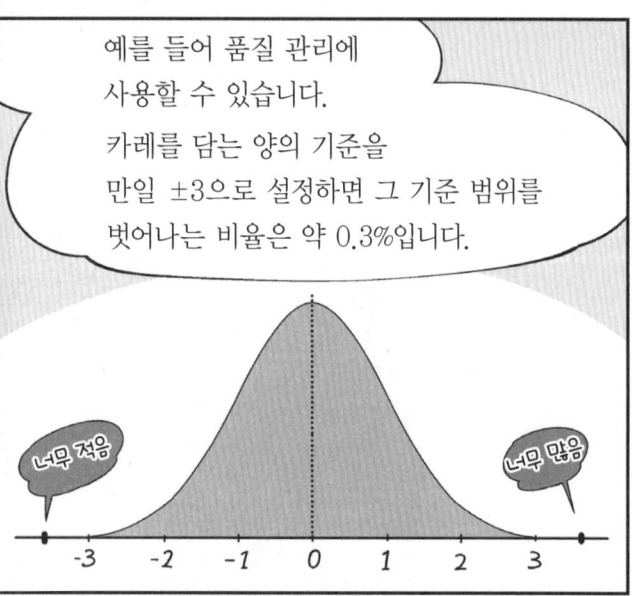

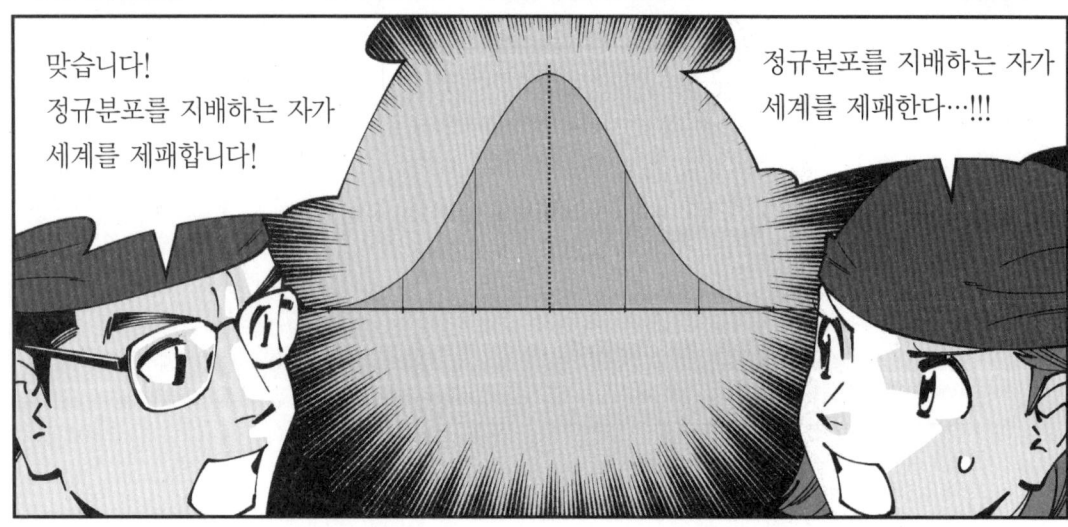

2.2 정규분포의 성질을 직접 확인

정규분포는 중앙에 있는 값의 빈도가 많고 양끝 쪽 값의 빈도가 적은 종 모양의 분포입니다. 이 정규분포는 평균과 표준편차 두 가지 값만으로 전체 형태가 결정되기 때문에 매우 편리하지만, 내용이 조금 복잡하기 때문에 이를 어려워하는 분들이 많은 것 같습니다. 하지만 이 정규분포의 성질을 이해하면 나중에 설명하는 '검정' 기법을 이해하는데 큰 도움이 됩니다. 여기서는 기본적인 정규분포의 성질을 직접 손을 움직여 경험해 보면서 이해해 보겠습니다.

정규분포는 다음과 같은 특징을 가지고 있습니다. 여기서 표준편차란 데이터의 산포도를 나타내는 중요한 지표입니다. 자세한 설명은 다음에서 다루겠지만, 이를 이해하면 자신의 데이터 분석을 다양한 각도에서 검토할 수 있습니다.

정규분포의 성질
❶ 정규분포는 평균과 표준편차만으로 분포의 형태가 결정된다.
❷ 어떤 데이터의 분포도 표본의 평균을 구하면 정규분포가 된다(중심극한정리).
❸ 평균±2표준편차(정확히는 1.96표준편차)에 전체 95% 개수의 데이터가 들어 있다.
❹ X축의 값을 주면 분포 전체 중에서, 그 값까지를 취하는 데이터 개수의 비율, 그 이상 개수의 비율 등을 이론적으로 구할 수 있어 매우 편리하다.
❺ 어떤 정규분포도 각각의 값에서 평균을 빼고 표준편차로 나누는 정규화 과정을 거치면 평균이 0이고 표준편차가 1인 표준정규분포가 된다.

이제부터 정규분포를 직접 생성하여 그 성질을 경험해 봅시다. 먼저 정규분포의 성질 중 첫 번째인 '정규분포는 평균과 표준편차만으로 분포의 형태가 결정된다.'는 점을 확인합니다.

다음 그래프는 이 책에서 다루는 튀김의 무게 분포를 그린 것으로, 평균이 50g, 표준편차가 5g이라는 조건에서 꺾은선 그래프(U 부분)와 막대그래프(V 부분)를 만들었습니다.

● 정규분포 경험하기

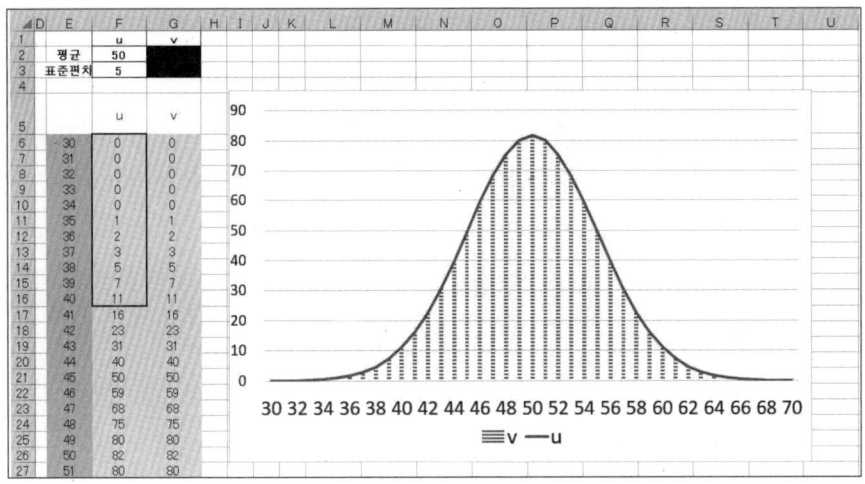

파일을 열고 F2 셀에 평균, F3 셀에 표준편차 값을 입력하고 작업을 진행합니다.

>>> F2 셀에 평균값으로 50을 입력
>>> F3 셀에 표준편차 값으로 5를 입력
>>> 2종류의 값을 입력한 후 엑셀 시트의 값을 갱신
>>> 화면에 정규분포가 표시되는 것을 확인
>>> F2 셀의 평균을 변경하면 그래프의 중심이 좌우로 이동하는 것을 확인
>>> F3 셀의 표준편차를 변경하면 그래프의 폭이 변화하는 것을 확인

가령 식당에서 닭고기를 일정한 무게로 구매한다고 가정합시다. 그러면 큰 사이즈의 튀김만 만들면 완성된 튀김의 개수가 줄어 들어 튀김을 이용한 요리를 많이 제공할 수 없게 됩니다. 따라서 정해진 크기의 튀김을 만들 필요가 있습니다.

표준편차가 작은 튀김이란 제공되는 튀김의 크기에 큰 변화가 없다는 의미입니다. 식당 카운터에서 한 그릇에 정해진 개수의 튀김을 담아서 내놓는 경우, 크기가 제각각인 것보다는 거의 비슷한 크기의 튀김을 내놓는 것이 좋습니다. 단순히 평균, 표준편차라고만 하면 별로 실감이 나지 않지만, 식당의 메뉴로 대체하여 내용을 이해하면 그 평균, 표준편차가 음식 제공에 얼마나 중요한지 알 수 있을 것입니다.

그리고 앞의 그림에서는 꺾은선 그래프와 함께 개수를 나타내는 히스토그램도 작성되어 있습니다. 막대그래프에 가로선이 들어간 부분을 하나의 튀김으로 보면 전체 분포의 좌우 모서리에 있는 데이터의 개수가 상당히 적은 것을 알 수 있습니다.

여기서 정규분포의 3번째 성질인 "평균±2표준편차(정확히 1.96표준편차)에 전체의 95% 개수에 해당하는 데이터가 들어 있다."는 점을 확인할 수 있습니다. 첫 번째 그림의 예에서는 평균 50g, 표준편차 5g의 조건으로 튀김의 히스토그램을 만들었습니다. 정규분포의 3번째 성질에 따라 평균±2표준편차, 즉 평균 50g±2표준편차(10g)의 안쪽에 95% 개수의 데이터가 있고, 바깥쪽에는 5% 개수의 데이터가 있어야 합니다. 이를 앞의 그래프에서 확인할 수 있습니다.

평균에서 2표준편차 아래의 값은 $50-5\times2=40$입니다. 평균보다 2표준편차 위의 값은 $50+5\times2=60$입니다. 평균±2표준편차 사이에 전체의 95% 값이 있다면, 그 바깥쪽 부분은 왼쪽 꼬리 부분이 2.5%, 오른쪽 꼬리 부분이 2.5%가 됩니다.

이제 위 그래프의 왼쪽 꼬리, 즉 왼쪽 밑단 부분에 주목해 봅시다. 표의 F 열에 있는 30부터 40까지의 데이터 개수의 합을 구하면 $1+2+3+5+7+11=29$개, 전체 개수가 1,024개이므로 2.5%는 $1,024\times0.025=25.6$이 됩니다. 이론적으로 2.5% 개수인 25.6은 앞서 구한 29에 가까운 값입니다. 마찬가지로 60 이상의 개수도 29이므로 2.5%의 25.6에 가까운 값입니다. 이는 평균±2표준편차(정확히는 ±1.96표준편차)의 안쪽에 95% 개수의 데이터가 있고, 바깥쪽에 5% 개수의 데이터가 있다는 것을 의미합니다. 참고로 25.6이 아닌 29라는 숫자가 나오는 이유는 정규분포의 곡선 아래 면적을 자세히 구하는 것을 막대그래프로 면적을 근사화했기 때문에 값이 조금 다르게 나온다고 생각하시기 바랍니다.

2.3 모집단과 표본의 관계를 그래프로 경험

마지막으로 상당히 중요한 내용을 설명하겠습니다. 이 책에서는 정규분포 함수로 생성된 데이터를 모집단으로 간주하고, 거기서 추출한 값을 표본으로 취급합니다. 그래서 직접 생성한 표본을 그래프로 만들어 이론적인 정규분포, 즉 모집단과 비교하여 양자가 어떤 관계인지 경험해 봅니다.

● 2가지 측정값과 이론적 정규분포

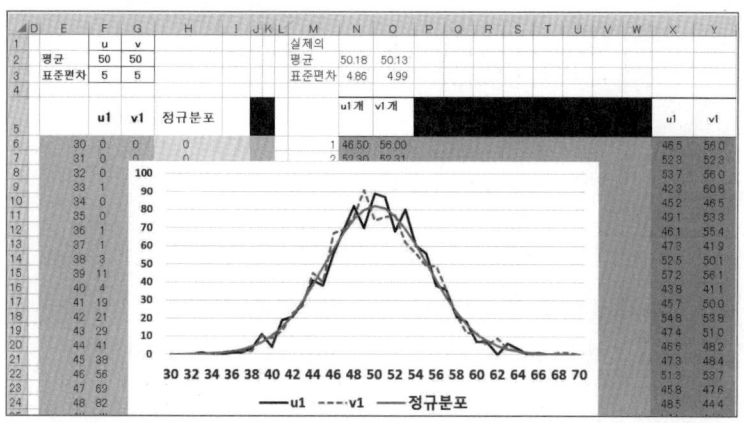

예를 들어 평균 50g, 표준편차 5g 규격인 튀김 데이터를 1,024개, 2개의 열 u1, v1을 N열과 O열에 생성하고, 그 집계 결과를 F열, G열에 작성했습니다. 이와 함께 평균 50g, 표준편차 5인 정규분포, 즉 모집단의 분포를 H열에 생성합니다.

>>> F2 셀에 u 분포의 평균값으로 50을 입력

>>> F3 셀에 u 분포의 표준편차로 5를 입력

>>> G2, G3에도 마찬가지로 v 분포의 평균값과 표준편차 값을 입력

>>> 2종류의 값을 입력한 후 F9 등을 눌러 엑셀 시트의 값을 갱신

>>> 화면에 3종류의 정규분포가 표시되는 것을 확인

>>> N2, N3에 U1에서 작성된 데이터의 평균과 표준편차가 생성

>>> O2, O3에 V1에서 작성된 데이터의 평균과 표준편차가 생성

>>> H열에 이론적인 정규분포가 생성되는 것을 확인

여기서 구한 표본 u, v의 분포는 H열에 나타낸 모집단인 이론적 정규분포의 그래프에 가깝게 분포하는 것을 알 수 있습니다. 이를 통해 구한 표본은 정규분포를 따른다고 가정하고 분석을 진행합니다. 참고로 데이터의 분포를 정규분포로 가정할 수 있는지 여부는 정규성 검정(Shapiro-Wilk, Kolmogorov-Smirnov) 등으로 실시하지만 이 책에서는 다루지 않습니다. 그 방법은 전문서적을 참고하기 바랍니다. 그보다는 일단 히스토그램을 작성하여 자신이 원하는 데이터를 정규분포로 간주할 수 있는지를 생각해 보는 것이 중요합니다.

요약

연속 척도의 변수를 분석하는데 중요한 정규분포의 성질에 대해 학습했습니다. 정규분포의 성질을 확실히 이해하기 바랍니다.

- 정규분포에서 평균을 바꾸면 분포의 위치가 어떻게 되는지 말할 수 있다.
- 정규분포에서 표준편차를 바꾸면 그래프의 넓이가 어떻게 되는지 말할 수 있다.
- 정규분포는 평균과 표준편차만으로 분포의 형태가 결정된다는 것을 이해할 수 있다.
- 평균±2표준편차(정확히는 1.96표준편차)에 전체 95% 개수의 데이터가 있다는 것을 이해할 수 있다.

제3장

가장 먼저 줄여야 할 것은 표준편차

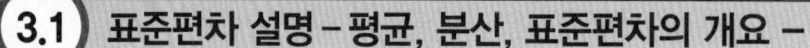

① 평균

대상이 되는 데이터를 합쳐서 개수로 나눈 것입니다.

$$\frac{48+51+50+49+52}{5} = \frac{250}{5} = 50$$

이건 알아요.

② 편차

각 측정값과 평균값의 차이입니다.
양수 또는 음수 값이 있습니다.

① $48 - 50 = -2$
② $51 - 50 = 1$
③ $50 - 50 = 0$
④ $49 - 50 = -1$
⑤ $52 - 50 = 2$

편차

③ 분산

산포도의 정도를 표현하는 용어입니다.
3단계로 구할 수 있습니다.

단계1 각 데이터의 편차의 제곱을 구한다.
단계2 구한 편차의 제곱을 모두 더하여 합계를 구한다.
   (편차제곱합이라고도 부른다.)
단계3 구한 합계를 개수로 나눈다.

단계1 각 편차의 제곱을 구한다.

★ 제곱을 하지 않고 더하면 합계는 0이 되어 버린다.

-2
1
0
-1
2
+
―――
0

편차   제곱한다

① $-2 \times -2 = (-2)^2 = 4$
② $1 \times 1 = 1^2 = 1$
③ $0 \times 0 = 0^2 = 0$
④ $-1 \times -1 = (-1)^2 = 1$
⑤ $2 \times 2 = 2^2 = 4$

참고로 이것은 음수 값을 양수로 전환하여 다루기 쉽도록 하기 위해 제곱합니다.

단계2 구한 편차의 제곱을 모두 더하여 합계를 구한다.

① ② ③ ④ ⑤
$4 + 1 + 0 + 1 + 4 = 10$

단계3 구한 합계를 개수로 나눈다.

$10 \div 5 = 2$ 분산을 구했어요!

생각보다 어렵지 않군요.

그리고 이 분산의 제곱근을 구한 것이 다음에 소개하는 '표준편차'가 됩니다.

④ 표준편차

'표준편차'란, 데이터의 산포도를 나타내는 지표입니다.

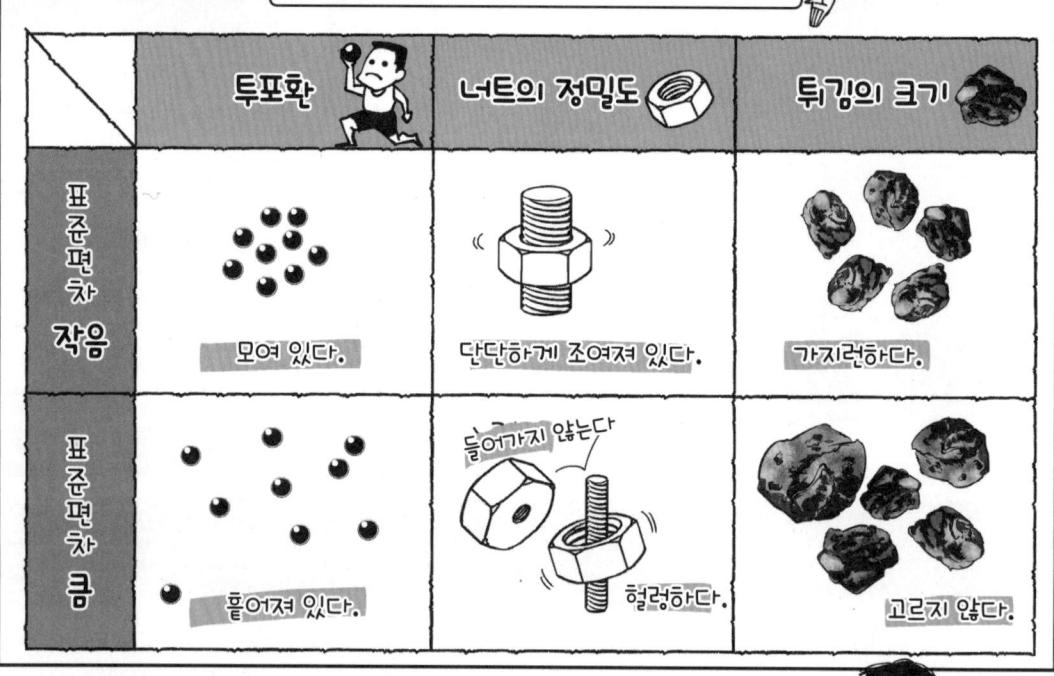

표준편차를 구하는 공식은 다음과 같습니다.

Σ: 이 생소한 기호는 그리스어 한 글자로 '시그마'라고 읽는다.

표준편차

$$s = \sqrt{\frac{1}{n}\sum_{i=1}^{n}(x_i - \overline{x})^2}$$

Σ는 시그마. 총합을 뜻한다.

- 데이터의 개수
- 측정한 각 데이터
- 데이터의 평균

s: 표준편차
n: 데이터의 개수 x_i: 측정한 각 데이터 $\overline{x}$: n개의 x의 데이터 평균

으으으! 수식!!

진정하세요. 하나하나 살펴보면 괜찮습니다!

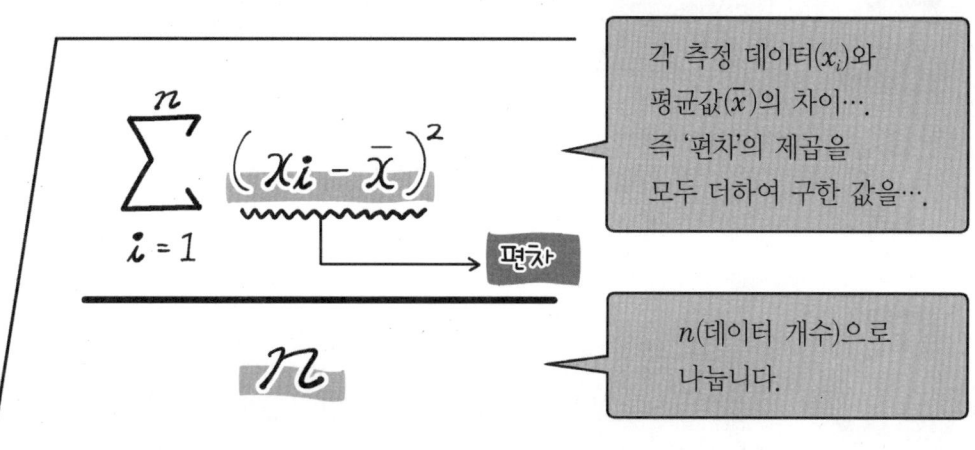

$$s = \sqrt{\frac{1}{n}\sum_{i=1}^{n}(x_i - \bar{x})^2}$$

n: 데이터 개수
x_i: 측정한 각 데이터
$\bar{x}$: n개의 x 데이터의 평균
s: 표준편차

$n=5$라고 가정하면 $n=1$부터 $n=5$까지는 다음과 같습니다.

$$s = \sqrt{\frac{(x_1-\bar{x})^2 + (x_2-\bar{x})^2 + (x_3-\bar{x})^2 + (x_4-\bar{x})^2 + (x_5-\bar{x})^2}{n}}$$

각 측정값을 아래와 같이 가정하면….

x_1	x_2	x_3	x_4	x_5
3	4	5	6	7

평균 $\bar{x}$는 다음과 같이 구합니다.

$$\bar{x} = \frac{3+4+5+6+7}{5} + \frac{25}{5} = 5$$

구한 $\bar{x}$의 값으로 표준편차를 구해 봅시다.

흐음

$$s = \sqrt{\frac{(3-5)^2+(4-5)^2+(5-5)^2+(6-5)^2+(7-5)^2}{5}}$$

$$s = \sqrt{\frac{4+1+0+1+4}{5}} = \sqrt{\frac{10}{5}} = \sqrt{2} \fallingdotseq 1.414$$

$\sqrt{2}$ = 1.41421356는 대략 1.414로
$\sqrt{3}$ = 1.7320508은 대략 1.732로
$\sqrt{5}$ = 2.2360679는 대략 2.236으로 기억해 두기

3.2 표준편차의 설명 – 평균, 분산, 표준편차의 상세한 내용 –

만화 부분에서 표준편차에 대한 개요를 보여드렸지만, 중요한 내용이라 다시 한 번 말로 설명하겠습니다. 오랫동안 통계학을 가르치다 보면, 통계학을 잘 못하는 분들은 처음부터 수식이나 계산을 "모르겠다!"라며 피하는 것 같습니다. 하지만 통계학을 배울 때 평균, 분산, 표준편차라는 3가지만 기억해 두면 나중에 분석이 수월해집니다. 표준편차는 분산의 제곱근이므로 기본적으로 평균과 표준편차 2가지만 이해하면 됩니다.

수학을 잘 모르는 분들에게 수식, 공식만으로 통계학 이야기를 설명하는 것은 처음부터 무리한 이야기라고 생각합니다. 우선 학습하는 사람이 직접 손을 움직이고, 엑셀로 작업해 보고, 스스로 통계의 의미를 납득하는 것이 통계학에 대한 거부감을 극복할 수 있는 방법이라고 생각하고 있습니다.

연속 척도의 변수라면 표준편차가 중요합니다. 이것만 이해하면 평균값 비교는 비교적 쉽게 이해할 수 있습니다. 여기서는 제곱근을 아는 사람이라면 어렵지 않게 이해할 수 있는 표준편차 구하는 방법을 준비했으니 꼭 이해하시기 바랍니다. 먼저 중요한 용어를 4가지만 설명하겠습니다.

❶ **평균**: 대상이 되는 데이터를 더하여 개수로 나눈 익숙한 개념입니다.

❷ **편차**: 각 측정값과 평균의 차이입니다. 양수 값도 음수 값도 있습니다. 단순히 '평균과의 차이'라고 생각해도 무방합니다.

❸ **분산**: 산포도의 정도를 표현하는 용어입니다. 조금 복잡하지만, 다음 3단계만으로 구할 수 있습니다.

  1. 먼저 각 데이터의 편차의 제곱을 구합니다.
  2. 구한 편차의 제곱을 모두 더하여 총합을 구합니다. 편차제곱합이라고도 합니다.
  3. 합한 총합을 개수로 나누어 일종의 평균(편차제곱의 평균)을 구합니다. 이를 분산이라고 합니다. 뒤에서 설명할 불편분산은 여러 가지 이유로 개수가 아닌 개수 – 1의 값으로 편차제곱합을 나눕니다.

❹ **표준편차**: 분산의 제곱근을 취한 것입니다. 표준편차가 크다는 것은 각 값의 산포도가 크다는 것, 즉 각 값의 편차가 크다는 것을 의미합니다.

표준편차는 데이터의 산포도를 나타내는 지표로, 표준편차를 구하는 방법을 수식으로 작성하면 다음과 같습니다.

n: 데이터의 개수　　x_i: 측정한 각 데이터　　$\bar{x}$: n개의 데이터 x의 평균

s: 표준편차　　　　s^2: 분산

참고: 표준편차 s는 분산의 제곱근이므로 분산을 s^2 기호로 표시합니다.

$$s = \sqrt{\frac{1}{n}\sum_{i=1}^{n}(x_i - \bar{x})^2}$$

Σ는 그리스 문자로 '시그마'라고 읽습니다. 이 Σ 기호는 x_i의 i 값을 1, 2, 3, …로 바꾸면서 더하는 기호입니다. 따라서 위의 s를 구하는 식에서 Σ의 식은 각 측정 데이터와 평균 값의 차이인 편차의 제곱을 모두 더하여 구합니다. 이렇게 구한 값을 n으로 나누기 때문에 루트 안에는 편차제곱합의 평균이 되며, 이를 '분산(s^2)'이라고 표현합니다. 그 제곱근을 취한 것이 표준편차(s)가 됩니다.

s의 값을 구체적으로 쓰면, 한 예로는 다음과 같이 표현할 수 있습니다. 여기에서는 $n=5$의 예로서 i의 값에 1부터 5까지의 숫자를 넣은 예를 들어보겠습니다.

$$s = \sqrt{\frac{(x_1-\bar{x})^2+(x_2-\bar{x})^2+(x_3-\bar{x})^2+(x_4-\bar{x})^2+(x_5-\bar{x})^2}{n}}$$

실제의 숫자를 표준편차 공식에 넣어보겠습니다. 데이터 개수 $n=5$로 하고 $x_1=3$, $x_2=4$, $x_3=5$, $x_4=6$, $x_5=7$이라고 가정하면 x의 평균은 $\bar{x}=\sqrt{\frac{3+4+5+6+7}{5}}=\frac{25}{5}$가 됩니다. 그 x 값으로 표준편차 s를 구하면 다음과 같습니다.

$$s = \sqrt{\frac{(x_1-\bar{x})^2+(x_2-\bar{x})^2+(x_3-\bar{x})^2+(x_4-\bar{x})^2+(x_5-\bar{x})^2}{n}}$$

$$s = \sqrt{\frac{(3-5)^2+(4-5)^2+(5-5)^2+(6-5)^2+(7-5)^2}{n}} = \sqrt{\frac{4+1+0+1+4}{5}} = \sqrt{\frac{10}{5}} = \sqrt{2} \fallingdotseq 1.414$$

손으로 계산하여 표준편차를 구했습니다. 엑셀에서는 STDEV.S 함수나 STDEV.P 함수를 사용하면 표준편차를 바로 구할 수 있습니다. 하지만 그 전에 엑셀의 셀 간 작업을 통해 직접 표준편차를 구해봅시다.

3.3 우선 암산으로 표준편차 구해 보기

[단계 1] 합계에서 평균을 구한다

지금까지 수식을 통해 표준편차의 정의를 설명했지만, 여기서는 엑셀 시트에서 셀 간 계산을 통해 표준편차를 구해 보겠습니다. 예제를 준비하였으니, 한번 직접 계산 과정을 확인해보시기 바랍니다. 숫자는 5종류이므로 처음에는 암산으로 계산해 봅시다.

먼저 그림과 같은 숫자가 나열되어 있을 때 평균을 구합니다. 암산으로 3 + 4 + 5 + 6 + 7 = 25가 됩니다. 합이 25이고 개수가 5개이므로 평균은 5가 됩니다.

● 평균 구하기

	A	B	C	D	E	F
1						
2						
3		값		합계		
4	1	3		개수		
5	2	4		평균		
6	3	5				
7	4	6				
8	5	7				
9						
10		↑합계				
11						

● 평균을 구한 결과

	A	B	C	D	E	F	G
1							
2							
3		값		합계	25	=SUM(B4:B8)	
4	1	3		개수	5	=COUNT(B4:B8)	
5	2	4		평균	5	=E3/E4	
6	3	5					
7	4	6					
8	5	7					
9		25	=SUM(B4:B8)				
10		↑합계					

[단계 2] 편차를 구한다

다음은 편차를 구합니다. 이 편차의 의미, 성질을 제대로 이해하면 이후 학습이 수월해집니다. 편차는 각 값과 평균과의 차이이므로 양수도 음수도 있습니다. 아래 표에서 편차를 구하고 그 합을 구해 보세요.

● 편차 구하기

	A	B	C	D	E	F	G
1							
2							
3		값	편차		합계		
4	1	3			개수		
5	2	4			평균		
6	3	5					
7	4	6			편차의 합계		
8	5	7					
9							
10		↑합계	↑편차의 합계				
11							
12							

● 편차의 합계 구하기

	A	B	C	D	E	F	G	H
1								
2								
3		값	편차		합계	25		
4	1	3	−2		개수	5		
5	2	4	−1		평균	5		
6	3	5	0					
7	4	6	1		편차의 합계	0		
8	5	7	2					
9		25	0					
10		↑합계	↑편차의 합계					
11								
12								

[단계 3] 편차로부터 편차제곱합, 분산, 표준편차를 구한다

편차는 평균과의 차이이므로 모두 더하면 0이 됩니다. 그래서 각 편차를 제곱한 합, 즉 편차제곱합을 구합니다. 이 편차제곱합은 꽤 큰 값이 되므로 이를 개수로 나누면 분산이라는 지표가 됩니다. 다만 분산은 원래 데이터의 제곱의 단위로 되어 있기 때문에 조금 다루기 어렵다는 단점

이 있습니다. 그래서 분산의 루트, 즉 제곱근을 구하고 이를 표준편차라고 부릅니다.

이번 예시에서는 암산으로도 구할 수 있는 값을 넣었지만, 마지막 제곱근 계산은 계산기나 엑셀 등을 이용하면 좋습니다. 그 일련의 과정은 다음 시트에서 확인하시기 바랍니다.

● 편차제곱합으로부터 분산과 표준편차 구하기

	A	B	C	D	E	F	G
2	BMI	사람수	BMI×사람수	편차의 제곱×사람수		분산	표준편차
3	17	5	85	97.05		6.66	2.58
4	18	14	252	162.38			
5	19	26	494	150.47			
6	20	29	580	57.30		불편분산	표준편차
7	21	29	609	4.77		6.70	2.59
8	22	15	330	5.30			
9	23	20	460	50.83		†평균은 BMI×사람수의 총합을 건수로 나누어 구한다	
10	24	16	384	107.69		=SUM(C3:C15)/B18	
11	25	8	200	103.35			
12	26	3	78	63.32		‡편차 제곱합은 BMI와 평균의 차이를 제곱하고 건수를 곱하여 구한다	
13	27	7	189	219.07		=SUM(D3:D15)	
14	28	2	56	86.97			
15	29	1	29	57.67			
17		건수	†평균	‡편차제곱합			
18		175	21.41	1166.19			

● 구한 분산과 표준편차

	A	B	C	D	E	F	G
3		값	편차	편차의 제곱		합계	25
4	1	3	-2	4		개수	5
5	2	4	-1	1		평균	5
6	3	5	0	0			
7	4	6	1	1		편차의 합	0
8	5	7	2	4			
9		25	0	10		편차제곱합	10
10		↑합계	↑편차의 합계	↑편차제곱합			
11						편차제곱합/개수	2
12						=분산	

3.4 불편분산과 분산의 차이

실제로 분산은 다음의 2종류가 있습니다.

> 분산 = 편차제곱합을 n으로 나눈 것으로, 주로 모집단의 분석에 사용
> 불편분산 = 편차제곱합을 ($n-1$)로 나눈 것으로, 주로 표본의 분석에 사용

분석의 대상이 모집단인 경우, 단순히 분산의 제곱근을 취한 표준편차를 사용합니다. 초등학교에서 우리반 국어 시험의 평균과 표준편차를 구하는 것과 같은 경우입니다. 다수의 모집단에서 일부를 추출한 표본을 대상으로 하는 분석에서는 불편분산에 루트를 취한 표준편차를 사용합니다. 예를 들어 초등학교에서 우리반 국어 시험의 평균과 표준편차를 구하는 경우, 우리반과 옆 반의 비교를 생각하는 것과 같은 경우입니다.

우리반도 옆 반도 모두 그 뒤에는 같은 학년 전체라는 모집단에서 추출한 동일한 모집단의 일부라고 생각하시면 됩니다. 비슷한 배경을 가지고 있지만, 성적을 비교했을 때 차이가 있는지 없는지 궁금할 때는 불편분산을 사용합니다.

간단하게 말해, 많은 경우 실험이나 조사에서 얻은 표본의 비교는 불편분산을 사용합니다. 모집단의 평균이나 표준편차를 애초에 알 수 없으니, 손에 있는 표본의 평균이나 표준편차를 이용해 어떻게든 분석을 해 보자는 입장입니다. 평균값을 비교하는 t검정 등은 이 불편분산을 사용합니다. 이 책에서 엑셀로 생성한 데이터는 표본에 해당합니다. 따라서 이 책에서는 주로 불편분산과 표준편차를 사용합니다.

3.5 엑셀 작업으로 측정한 개별 값에서 표준편차 구하기

구한 데이터에 대해 엑셀의 셀 계산을 통해 표준편차를 구하는 방법을 설명합니다. 표준편차는 엑셀의 함수로 구할 수 있지만, 여기서는 함수를 사용하지 않는 정통적인 방법을 설명합니다.

● 셀 간의 비교로 표준편차 구하기

	A	B	C	D	E	F	G	H	I	J	K
1											
2						대상을 모집단으로 간주했을 때의 표현					
3		BMI	편차	편차제곱		편차의 제곱합	건수	분산	표준편차		
4	1	21				0	10	0	0.00	①	
5	2	23									
6	3	19				대상을 표본으로 간주했을 때의 표현					
7	4	20				편차의 재곱합	건수-1	불편분산	표준편차		
8	5	28				0	9	0.00	0.00	②	
9	6	20									
10	7	20									
11	8	18									
12	9	23									
13	10	22									
14											
15		21.4									
16											

파일을 열기 바랍니다. 처음에는 화면 왼쪽의 A, B열의 값만 나와 있습니다.

》 먼저 편차를 구한다. B4:B13에 값이 있으므로, 전체 평균은 AVERAGE 함수로 B15에 구한다. 다음으로 편차를 구한 후 편차의 제곱을 구하고, 편차의 제곱을 더한 편차제곱합을 구한다.

》 대상이 되는 BMI가 10개 모두, 즉 모집단이라고 생각할 때는 편차의 제곱을 건수 10으로 나누어 분산 7.24를 구하고, 그 제곱근인 표준편차 2.69를 구한다.

》 BMI가 모집단의 일부 표본이라고 생각할 때는, 편차의 제곱합을 건수 −1인 9로 나누어 불편분산인 8.04를 구한다. 그리고 그 제곱근인 2.84를 표준편차로 구한다. 여기서 제곱근은 SQRT 함수로 구한다.

여기서는 기본적인 절차로 표준편차를 구하는 방법을 설명했지만, 실무에서는 엑셀의 STDEV.S 함수 등을 사용하는 것이 편합니다.

● 구한 표준편차

	A	B	C	D	E	F	G	H	I	J	K
1											
2						대상을 모집단으로 간주했을 때의 표현					
3		BMI	편차	편차의 제곱		편차의 제곱합	건수	분산	표준편차		
4	1	21	-0.4	0.16		72.4	10	7.24	2.69	①	
5	2	23	1.6	2.56							
6	3	19	-2.4	5.76		대상을 표본으로 간주했을 때의 표현					
7	4	20	-1.4	1.96		편차의 제곱합	건수-1	불편분산	표준편차		
8	5	28	6.6	43.56		72.4	9	8.04	2.84	②	
9	6	20	-1.4	1.96							
10	7	20	-1.4	1.96							
11	8	18	-3.4	11.56							
12	9	23	1.6	2.56							
13	10	22	0.6	0.36							
14											
15		21									

3.6 엑셀 작업으로 분할표에서 표준편차 구하기

엑셀로 표준편차를 구하려면 STDEV.S 함수를 사용하는 것이 일반적입니다. 하지만 데이터가 분할표로 주어졌을 때는 이러한 함수를 사용할 수 없습니다. 그래서 이미 데이터가 정리된 분할표에서 표준편차를 구하는 방법을 알아봅시다. 이는 이미 공개된 분할표를 이용할 때 유용하게 사용할 수 있는 방법입니다.

● 분할표에서 표준편차 구하기

	A	B	C	D	E	F	G	H	I	J	K	L	M
1													
2	BMI	사람수	BMI×사람수	편차의 제곱×사람수		분산	표준편차		사람수				
3	17	5	85	97.05		6.66	2.58						
4	18	14	252	162.38									
5	19	26	494	150.47									
6	20	29	580	57.30		불편분산	표준편차						
7	21	29	609	4.77		6.70	2.59						
8	22	15	330	5.30									
9	23	20	460	50.83		†평균은 BMI×사람수의 총합을 건수로 나누어 구한다							
10	24	16	384	107.69		=SUM(C3:C15)/B18							
11	25	8	200	103.35									
12	26	3	78	63.32		‡ 편차 제곱합은 BMI와 평균의 차이를 제곱하고 건수를 곱하여 구한다							
13	27	7	189	219.07		=SUM(D3:D15)							
14	28	2	56	86.97									
15	29	1	29	57.67									
16													
17		건수	†평균	‡편차제곱합									
18		175	21.41	1166.19									

여기서는 엑셀 작업을 통해 표준편차를 구합니다.

>>> 먼저 평균은 각 값에 사람수를 곱하고 합한 후 건수로 나누어 구한다.
>>> 그 다음 평균과 각 값의 차이인 편차를 제곱하고 건수를 곱한 후 합산하여 편차제곱합을 구한다.
>>> 나머지는 지금까지와 마찬가지로, 분산 또는 불편분산을 구한다.
- 분산은 1166.19/175로 구한다.
- 불편분산은 1166.19/(175-1)로 구한다.

이렇게 하면 분할표에서도 간단한 작업으로 평균, 분산, 표준편차를 구할 수 있습니다.

참고로 엑셀의 숫자 표시는 소수점 이하 3번째 자리에서 반올림하였기 때문에, 위의 값을 계산기에 넣어 계산하면 약간의 오차가 발생할 수 있습니다.

3.7 엑셀 함수로 표준편차 구하기

지금까지 엑셀 작업을 통해 평균, 분산, 표준편차를 구하는 방법을 설명했습니다. 하지만 실제 분석에서는 엑셀 함수로 이들 값을 구하는 경우가 대부분입니다. 여기서는 엑셀 함수로 평균, 분산, 표준편차와 함께 분석에 자주 사용하는 유용한 함수를 소개합니다. 여기서는 설명의 편의상 데이터를 좌우 방향, 즉 행 방향으로 나열하여 설명합니다.

● 통계에서 자주 사용하는 엑셀 함수

	A	B	C	D	E	F	G	H	I	J	K	L	M	N
1														
2														
3			1	2	3	4	5	6	7	8	9	10	값	함수표현
4		최소	21	23	19	20	28	20	20	18	23	22	18	=MIN(C4:L4)
5		최대	21	23	19	20	28	20	20	18	23	22	28	=MAX(C5:L5)
6		개수	21	23	19	20	28	20	20	18	23	22	10	=COUNT(C6:L6)
7		평균	21	23	19	20	28	20	20	18	23	22	21.4	=AVERAGE(C7:L7)
8		편차제곱합	21	23	19	20	28	20	20	18	23	22	72.4	=DEVSQ(C8:L8)
9														
10		분산	21	23	19	20	28	20	20	18	23	22	7.24	=VAR.P(C10:L10)
11		표준편차	21	23	19	20	28	20	20	18	23	22	2.69	=STDEV.P(C11:L11)
12														
13		불편분산	21	23	19	20	28	20	20	18	23	22	8.04	=VAR.S(C13:L13)
14		표준편차	21	23	19	20	28	20	20	18	23	22	2.84	=STDEV.S(C14:L14)
15														
16		백분위수	1	2	3	4	5	6	7	8	9	10	7.75	=PERCENTILE(C16:L16,0.75)
17		중앙값	1	2	3	4	5	6	7	8	9	10	5.5	=MEDIAN(C17:L17)

분산, 불편분산, 표준편차 등은 엑셀의 함수를 사용하면 바로 구할 수 있습니다. 이 경우 분산은 VAR.P 함수로, 불편분산은 VAR.S 함수로, 표준편차는 STDEV.S 함수로 구할 수 있습니다.

또한 위 그림에는 최소, 최대, 백분위 수(전체 분포에서 몇 퍼센트 위치에 있는지를 나타내는 것), 중앙값 등 통계학에서 자주 사용하는 함수도 표시해 두었습니다. 지금이라도 이 함수들을 익혀 두면 나중에 편합니다.

요약

　엑셀 작업에 익숙해지기 위해 표준편차를 구하는 방법도 몇 가지를 제시했습니다. 다음 작업을 확실히 할 수 있는지 확인해 보기 바랍니다.

- 예제와 같이 간단한 값이라면, 암산으로 표준편차를 구하기
- 일련의 측정값에서 엑셀의 셀 간 연산으로 표준편차를 구하기
- 분할표에서 표준편차 구하기
- 엑셀 함수로 표준편차 구하기

중요

- 불편분산과 모분산의 차이를 이해할 수 있다.
- STDEV.P 함수와 STDEV.S 함수를 구분할 수 있다.

제4장

부분적인 데이터로 크고 작음을 말할 수 있는가?

4.1 표본 간의 대소 관계 생각하기

(단위: (g))

★ 1인분당 평균 값 비교

	Universe	Victory
set1	49	53
set2	52	56
set3	51	57
set4	50	54
set5	48	55
합계	250	275
평균	50	55

앗! 역시 우리 것이 좀 가벼운 걸…?!

음….

주방장님! 이제부터 튀긴 고기는 크게 자르죠!

그러지 말고 잠시만 기다려 주세요.

콰쾅!!

왜요? 실제로 계량해서 확인했는데요?

표본의 평균을 생각하지 않고서는 식당을 운영할 수 없어요.

표본의 평균? 그러니까 평균값으로 우리가 지는 거 아닌가요!

우리
Universe

라이벌
Victory

50g < 55g

이 5인분이 우연히 그렇게 되어 있었을 뿐일지도 모릅니다.

우연히…라고?

예를 들어….

제4장 부분적인 데이터로 크고 작음을 말할 수 있는가?

4.2 데이터의 대소 관계를 평균값으로 비교하기

이미 만화로 이 장의 개요를 설명했지만, 이 장은 통계학을 이해하는 데 있어 상당히 중요한 부분이기 때문에 좀 더 자세히 설명하겠습니다.

데이터 분포의 크고 작음을 비교할 때 어떻게 해야 할까요? 우리는 보통 단순히 눈앞에 있는 데이터를 대상으로 어느 쪽이 더 무겁다, 가볍다, 크다, 작다 등의 개인적 의견을 제시합니다. 하지만 데이터에 근거하지 않은 의견은 단순한 감상, 평론에 불과합니다. 여기서는 데이터의 크고 작음을 수치로 명확하게 비교하기 위해 어떻게 하면 좋을지 생각합니다.

지금까지는 단순히 튀김을 하나하나 꺼내서 크고 작다는 것이 무엇인지 생각했습니다. 하지만 가게를 운영하는 데 있어서는 몇 가지 데이터를 찾아 그 뒤에 숨어있는 데이터의 경향, 편향성을 바로잡고 조금이라도 이윤을 늘리기 위한 노력이 필요합니다.
여기서는 한 예로 가게마다 몇 개의 튀김을 모아서 어느 가게가 큰 튀김을 만들고 있는지, 작은 튀김을 만들고 있는지를 평균값으로 검토하기로 했습니다.
먼저 측정 조건을 쉽게 하기 위해, 식당 V쪽이 큰 튀김을 만드는 것을 전제로 이야기를 진행하겠습니다. 큰 튀김을 만드는 식당 V가 항상 큰 튀김을 만들까요? 그 점을 확인하겠습니다.

여기서 다음 조건에서 엑셀로 생성한 데이터, 즉 튀김 무게의 분포가 어떻게 되는지 살펴보겠습니다.

식당 Universe   평균 50g   표준편차 5g
식당 Victory   평균 55g   표준편차 5g

여기에서 u1은 식당 Universe에서 생성된 데이터를 1개씩 꺼낸 것, u1-32는 식당 Universe에서 한 번에 32개씩 꺼내어 그 값을 나열한 것, v1, v1-v32도 마찬가지로 구한 것 등으로 생각하시면 됩니다. 자, 이제부터 데이터의 대소 관계를 비교하는 방법을 순서대로 설명해 보겠습니다.

[단계 1] 튀김 하나하나의 크기 비교하기

먼저 파일을 열고 U와 V에서 하나씩 u1, v1을 추출하는 것을 1,024번 반복한 데이터의 히스토그램을 만듭니다.

● 각 튀김의 분포

	D	E	F	G	H	I	J	K	L	M	N	O	P	Q
1			u	v							u	v		
2		평균	50	55						평균	49.95	54.70		
3		표준편차	5	5						표준편차	5.03	5.11		
4														
5			u1 1024개	v1 1024개	u1-1개	v1-1개					u1의 값	v1의 값		
6		30	0	0	0	0				1	47.06	56.39	47.06	56.39
7		31	0	0	0	0				2	51.51	45.80		
8		32	0	0	0	0				3	44.68	51.37		
9		33	0	0										
10		34	0	0										
11		35	0	0										
12		36	1	0										
13		37	3	1										
14		38	2	0										
15		39	7	0										
16		40	12	1										
17		41	24	2										
18		42	24	3										
19		43	33	5										
20		44	45	10										
21		45	57	17										

>>> F2 셀에 식당 U가 만드는 튀김의 무게로 평균 50, F3의 셀에 표준편차 5를 입력한다.

>>> G2 셀에 식당 V가 만드는 튀김의 무게로 평균 55, G3 셀에 표준편차 5를 입력한다.

>>> F열에 u1의 1,024개의 분포를 집계하고, G열에 v1의 1,024개를 집계하고, H열에 u1의 한 개의 값, I열에 v1의 한 개의 값을 설정한다.

>>> 값을 갱신하고 그래프의 모양이 바뀌는 것을 확인한다.

>>> v1 한 값(점선)의 피크가 u1 한 값(실선)의 피크 왼쪽에 올 때까지 여러 번 값을 갱신한다. 여기서 점선의 피크가 실선의 피크 왼쪽에 올 때까지 반드시 갱신해야 한다.

여기서는 2개의 분포에서 튀김을 하나씩 추출한 값과 1,024개를 집계한 분포의 히스토그램을 나타냈습니다. 그래프의 가파른 피크는 데이터 1개의 값을 나타내고 있습니다. 그림에서는 튀김의 무게가 큰 분포(●의 점선)에서 추출했을 v1-1개(주: v1에서 1개를 꺼냈다는 의미)의 데이터(점선의 피크)보다 무게가 작은 분포인 u에서 가져온 데이터 u1-1개 값(직선의 피크)이 커지고 있습니다.

즉, 굵은 선으로 나타낸 전체 가중치 분포의 대소 관계가 있더라도, 추출한 하나의 데이터의 대소 관계는 역전되는 경우는 얼마든지 있을 수 있습니다. 통계학의 세계에서는 다양한 데이터를 표본으로 추출하기 때문에 눈앞의 데이터만 보고 무턱대고 어느 것이 크고 작다고 말할 수 없습니다. 예를 들자면, 큰 값을 가지는 분포임에도 불구하고 운이 나빠서 작은 값을 뽑는 경우가 있을 것입니다. 하지만 많은 사람들은 눈앞에 보이는 결과가 전부라고 생각하고 데이터를 판단하는 경우가 많습니다. 세상은 그렇게 단순하지 않습니다.

단계 2) 튀김의 표본평균 대소를 비교하기

이제는 어느 정도 개수의 데이터를 표본으로 모아서 그 표본의 평균값(표본평균) 무게의 크고 작음을 비교합니다. 지금까지는 개개 값의 분포를 구했지만, 비교하고자 하는 것은 평균값입니다. 그래서 표본평균의 분포가 어떻게 되는지 살펴봅시다. 따라서 여기서는 표본평균의 비교에 대해 자세히 알아보겠습니다.

먼저 u, v의 분포에서 8개의 표본을 추출하여 그 평균값의 분포를 살펴봅니다.

● 8개 튀김의 표본평균 분포

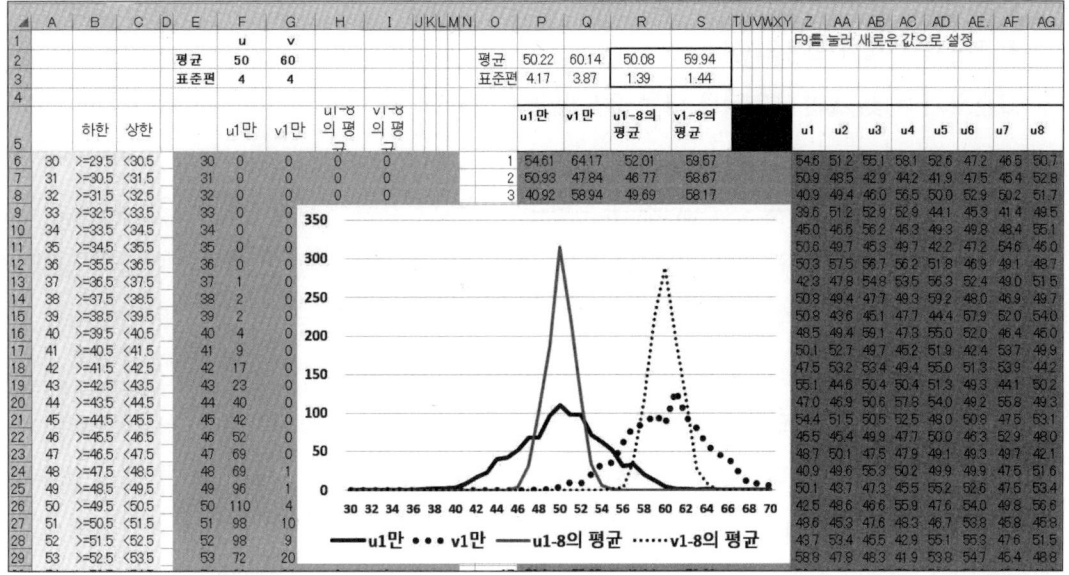

>>> F2 셀에 평균의 50, F3에 표준편차 4를 입력한다.
>>> G2 셀에 평균 60, G3에 표준편차 4를 입력한다.
>>> P열에 u1만, Q열에 v1만, R열에 u의 8개 표본평균을, S열에 v의 8개 표본평균을 구한다.
>>> P열부터 S열의 값, 즉 u1 하나, v1 하나, u1부터 u8까지의 평균, v1부터 v8까지의 평균인 4종류를 F열에서 I열에 걸쳐 집계한다.
>>> F9 또는 Shift + F9 키를 눌러 값을 갱신하고, 그래프 모양이 바뀌는 것을 확인한다.
>>> u1의 8개 표본평균의 분포와 v1의 8개 표본평균의 분포가 어떻게 달라지는지 관찰한다.

그림에는 U와 V에서 하나씩만 추출한 데이터와 각각 8개씩 추출한 표본평균 4종류의 그래프가 그려져 있습니다. 한 개만 추출한 무게 분포의 표준편차인 그래프의 폭은 크지만, 8개의 표본평균 그래프의 폭인 표준편차는 상당히 작아지는 것을 알 수 있습니다. 이제 통계학에서 중요한 '표준오차'의 내용을 설명합니다.

표준오차와 표준편차는 다음과 같은 차이가 있습니다.

표준편차 = 개별 표본의 산포도
표준오차 = 몇 개의 데이터를 모은 표본평균의 산포도

우리가 주목하는 것이 평균값이라면 표본평균과 얼마나 차이가 나는가 하는 점입니다. 이를 위해서는 표준오차를 검토해야만 합니다. u1 하나, 혹은 v1 하나, 즉 한 데이터 분포의 편차가 표준편차입니다. 이에 반해 u1-8인 8개 표본평균 또는 v1-8인 8개 표본평균의 분포에 대한 편차가 표준오차입니다.

그래프에 표시된 8개 표본평균의 분포는 원래의 한 개 분포보다 가파르게 분포하고 2개의 그래프가 겹치지 않게 됩니다. 즉, 8개 데이터의 표본평균의 표준오차는 원래 데이터의 표준편차에 비해 작아집니다. 그러나 8개의 표본평균을 하나 추출한 가파른 피크도 값을 갱신하면 때로는 값의 대소 관계가 역전되는 경우가 있습니다. 즉, 8개 튀김의 표본평균을 꺼내 비교했다고 해도, 단순히 어느 가게가 큰 튀김을 만든다고 단정할 수는 없는 것입니다.

여기서 실제로 표본평균의 대소 관계가 역전되는 사례를 경험해 봅시다.

● 표본평균의 대소 관계가 역전

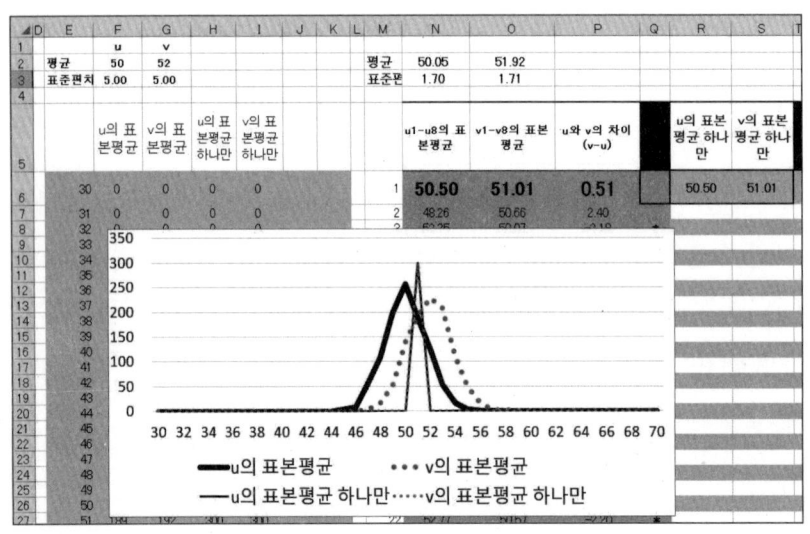

>>> 지금까지와 마찬가지로 엑셀 시트의 F2 셀에 작은 쪽의 분포로 u의 평균 50, F3에 u의 표준편차 5를 입력한다.
>>> G2에 무게가 큰 분포로 V의 평균 52, G3에 V의 표준편차 5를 입력한다.
>>> 값을 갱신하고, 그래프의 모양이 바뀌는 것을 확인한다.
>>> Q6 셀에 *기호가 나올 때까지 갱신하면 무게가 작은 분포인 U의 표본평균의 분포(굵은 점선)가 무게가 큰 분포인 V의 표본평균의 분포(굵은 실선)보다 오른쪽에 위치하게 되어 결국 커지게 된다.
>>> 다시 값을 갱신하여 실선 U의 표본평균 분포와 점선 V의 표본평균 분포가 어떻게 되는지 관찰한다.

위의 작업에서는 평균을 50, 52로 하고 표준편차를 동일하게 5로 하여 데이터를 만들었습니다. 화면의 Q6 셀에 * 표시가 나올 때까지 데이터를 갱신합니다. 이때 2개의 평균값을 가파른 피크로 표시했습니다. 그러면 그림과 같이 굵은 점선으로 표시한 V의 표본평균이 왼쪽에 오게 됩니다. 즉, 사실은 V의 분포가 큼에도 불구하고 표본의 8개 평균에 따라서는 평균값의 대소가 역전된다는 것입니다. 즉, 얻어진 데이터의 표본평균만으로는 단순히 원래의 분포가 어느 쪽이 더 크고 작다고 말할 수 없는 것입니다. 이것은 상당히 까다로운 문제입니다.

요약

결국 평균의 대소 관계를 어떻게 알 수 있을까요? 대소 관계가 분명한 두 집단에서 추출한 표본평균은 간혹 대소 관계가 뒤바뀌는 경우가 있습니다. 따라서 표본평균의 크고 작음으로 원래 분포의 크고 작음을 판단할 수 없습니다. 하지만 그렇다고 하면 평균값의 비교가 불가능하기 때문에 문제가 생깁니다. 그래서 표본평균의 차이를 추출한 히스토그램을 살펴봅시다. 그러면 뭔가 알 수 있을지도 모릅니다. 이 아이디어는 다음 장에서 살펴보겠습니다.

표준편차가 같고 평균이 다른 집단에서 표본을 추출하는 경우

- 개별 대소 관계가 역전되는 경우가 있다는 것을 이해할 수 있다.
- 표본평균에서도 그 대소 관계가 역전되는 것을 이해할 수 있다.
- 원래 데이터 분포의 대소관계를 눈앞의 값으로만 판단할 수 없다는 것을 이해할 수 있다.
- 표본평균의 차이를 취하면 무엇을 할 수 있을지 상상할 수 있다.

제5장

대소 관계의 검토는 표본평균 차이의 분포로부터

5.1 표본평균 차이의 분포는 어떻게 될까?

우리 가게와 라이벌 가게의 표본평균의 무게는 때때로 역전될 수 있어….

그렇다고는 해도, 매일 만들어지는 튀김의 무게를 모두 계량할 수는 없으니….

즉, 구한 샘플을 비교하더라도 확정적으로 말할 수 있는 것은 없어.

표본평균의 차이를 철저하게 비교를 해 보면 어떻게 안 될까요?!

핵심을 파악하고 있군요.

'통계적 가설검정'
이라는 비밀 무기가 있어요.

불분명한 모집단에 대해 가설을 세우고 그 가설이 성립되는지 여부를 표본 데이터를 이용하여 통계적으로 판단하는 방법입니다.

오늘은 그 비밀을 알려드리겠습니다.

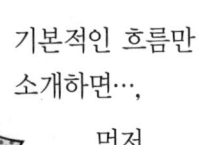

기본적인 흐름만 소개하면…,

먼저 '두 표본평균은 같다' 라고 가정합니다.

아니, 같지 않아요! 아무리 그래도 우리와 라이벌 가게의 튀김 무게의 평균이 완전히 같을 리가 없지요….

잠깐 조용히 잘 들어주세요.

다음으로 표본평균의 차이 분포를 검토합니다.

사실 그 차이의 분포는 't분포'라는 정규분포보다 조금 좁은 형태로 됩니다만….

여기서 오른쪽 끝과 왼쪽 끝은 거의 발생하지 않는 값이라고 이해해 주세요.

그리고 실제로 구한 차이의 값이 거의 발생하지 않을 정도로 0에서 멀어져 있으면 같아야 하는데 그런 상황은 좀처럼 발생하지 않는다 즉, 같다는 것은 무리가 있다 라고 생각하여 최초의 가설을 버립니다.

이것이 '통계적 가설검정'의 사고방식입니다.

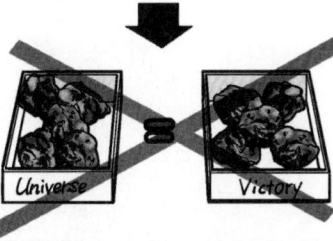

말했잖아요. 표본평균이 완전히 똑같다니 말도 안 된다고.

그렇습니다. 여기서는 표본평균이 같지 않다는 것을 알 수 있습니다.

말하자면 '어떤 차이가 있다'는 것이 확정된 것입니다.

통계적 가설검정이란 확률을 바탕으로 결론을 도출하는 방법으로 이를 이용해 검토하는 방법을 일반적으로 '검정'이라고 표현합니다.

그…그렇군요…. 의미가 있나 생각했는데

같지 않다는 것을 알게 된 건가…. 어떤 차이가 있는 걸까….

평균의 검정은 처음에는 두 평균이 같다고 가정했지만

이렇게 다르다니 이상하지 않나?라고 생각하는 것입니다.

이 개념을 이해하면 평균값의 비교(t검정)나

설문지 등 분할표의 빈도 비교(카이제곱 검정) 등 다양한 비교도 이해하기 쉬워집니다.

5.2 표본평균의 차이 분포를 엑셀로 구하기

두 데이터를 비교하는 이야기는 매우 중요합니다. 만화로 전체적인 개요를 설명했지만, 여기서도 다시 한 번 더 자세한 내용을 글로 설명하겠습니다.

이제부터 '검정'이라는 작업에 대해 설명하겠습니다. 검정이라고 하면 어떤 기준에 맞는지, 합격점에 도달했는지라는 의미도 있지만, 이 책에서 다루는 '검정'은 몇 개의 표본을 비교하여 수치로 어느 정도의 차이가 있는지를 검토하는 방식으로 진행했습니다.

예를 들어 데이터의 평균 차이를 비교한다는 것은 표본평균의 차이를 비교하는 것입니다. 하지만 지금까지 살펴본 것처럼 일부 데이터의 표본평균을 구해도 간혹 평균값의 대소 관계가 반대로 되어 곤란한 경우가 있습니다. 그래서 처음에는 두 표본평균이 같다고 가정합니다. 그런 다음 표본평균 차이의 분포를 살펴봅니다. 그리고 구한 차이의 크기가 거의 발생하지 않을 정도로 0에서 멀리 떨어져 있다면, 표본평균이 같을텐데 이렇게 멀리 떨어져 있을 리가 없지 않느냐고 생각하여 평균값이 같다는 가설을 버립니다.

이런 사고방식을 통계적 가설검정이라고 합니다. 즉, 통계적 가설검정이란 확률을 바탕으로 결론을 도출하는 방법이며, 이를 사용하여 검토하는 방법을 일반적으로 '검정'이라고 표현합니다. 이 통계적 가설검정의 개념을 이해하면 평균값의 비교(t검정), 앞으로 학습할 설문지 등 분할표의 빈도 비교(카이제곱 검정) 등 다양한 검정 기법을 쉽게 이해할 수 있습니다. 이 책에서 우선 이만큼은 이해했으면 하는 내용 중 하나가 바로 이 '통계적 가설검정'에 대한 내용입니다. 이 부분이 모호하게 이해되면 언제까지나 통계에 대한 약점을 가지게 될 것입니다. 조금 복잡한 내용이지만, 이것만 알면 확실히 앞으로 쭉쭉 나갈 수 있을 것이라고 생각하고 학습해 나가시기 바랍니다.

평균값의 차이를 비교하는 경우에는 다음과 같은 절차를 생각해 볼 수 있습니다.

>> 2종류의 데이터에 대해 표본평균의 히스토그램을 만들어 분포를 살펴본다.
>> 두 표본평균 차이의 히스토그램이 정규분포가 되는 것을 이해한다.
>> 표본평균 차이의 히스토그램은 정규분포를 가지며, 극단적으로 멀리 떨어져 있는 오른쪽 끝과 왼쪽 끝의 값에 대해 그렇게까지 표본평균의 차이가 발생하는 경우는 드물다는 것을 이해한다.

≫ 극단적으로 떨어져 있는 값이 발생하는 것은, 어느 정도의 확률로 우연히 발생하는지 생각해 본다.
≫ 이러한 개념을 바탕으로 '통계적 가설검정'이라는 방법을 도입한다. 이는 먼저 두 값에 차이가 없다고 생각한다. 그리고 실제로 관찰한 값의 차이가 우연이라도 거의 발생하지 않을 정도로 차이가 난다면, 첫 번째 가정이 틀렸다고 판단하는 방법이다.

이 통계적 가설검정의 개념을 이해하면 앞으로 평균값 비교, 분할표의 빈도 비교 등 다양한 비교 방법을 쉽게 이해할 수 있습니다. 검정은 수식, 문자만으로는 이해하기 어려운 내용이지만 엑셀을 작업하면서 직접 그래프를 만들어 보고, 많은 사람들이 어려워하는 통계적 가설검정의 의미를 이해해 봅시다.

[단계1] 표본평균 차이의 분포는 어떻게 되는가

지금까지 평균의 차이에 대해 논의를 해 왔습니다. 여기서부터는 두 표본평균 차이의 히스토그램은 어떻게 되는지를 실제 데이터로 시험합니다. 사실 표본평균 차이의 분포를 취하면 이 또한 정규분포가 됩니다. 여기서부터는 두 표본평균의 차이를 어떻게 해석할지 검토합니다.

이제, 두 표본평균의 차이가 어떤 분포가 되는지를 경험해 봅시다.

● 표본평균의 차이는 어떻게 되는가

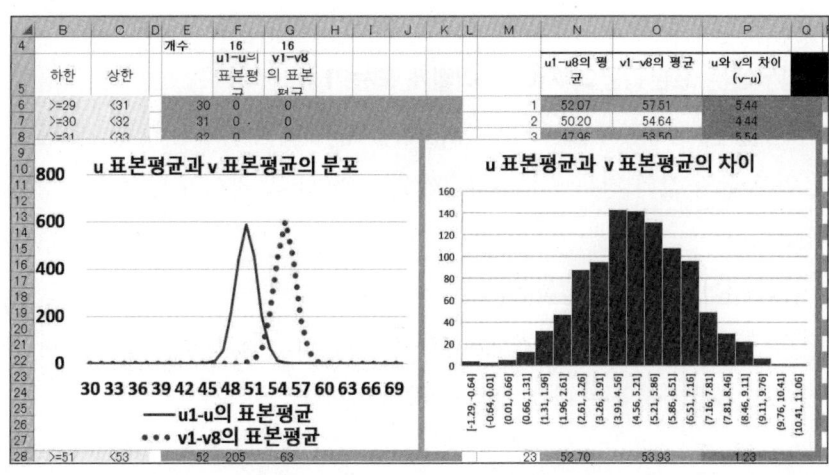

제5장 대소 관계의 검토는 표본평균 차이의 분포로부터

파일을 열어 엑셀 시트로 두 가지 분포를 만듭니다. 이를 위해 F2:G4에 걸쳐 두 분포의 평균, 표준편차, 그리고 평균을 구하는 개수를 입력합니다.

- » F2 셀에 u의 분포로 평균 50, F3에 표준편차 5, F4에 개수 16을 입력한다.
- » G2 셀에 v의 분포로 평균 52, G3에 표준편차 5, G4에 개수 16을 입력한다.
- » N열에 u 분포에서 지정된 개수의 데이터 표본평균을 구한다.
- » 마찬가지로 O열에 v의 분포에서 지정된 개수의 데이터 표본평균을 구한다.
- » P열에 두 표본평균의 차이를 구하고 이를 바탕으로 히스토그램을 그린다.
- » N열과 O열을 집계하여 F열 G열로 만들고 그것으로 그래프를 그린다.
- » P열을 이용하여 히스토그램을 그린다.
- » 값을 업데이트하고 그래프의 모양이 바뀌는 것을 확인한다.

여기에서 F2:G4의 영역, 즉 생성하는 두 가지 정규분포의 근원이 되는 평균, 표준편차, 개수를 다양하게 변경하여 그래프가 어떻게 되는지 살펴보기 바랍니다.

일반적으로 여러 값의 평균은 정규분포가 되는 것으로 알려져 있으므로, 이 표본평균 차이의 히스토그램도 정규분포라고 가정할 수 있습니다. 표본평균 차이의 산포도, 즉 표본평균 차이의 표준편차는 앞에서 설명한 표준오차입니다. 위의 파일에서 두 표본평균 차이의 분포도 정규분포가 되는 것을 경험해 보시기 바랍니다.

단계 2 두 분포가 같은 경우에는 표본평균의 차이는 어떻게 되는가

표본평균 차이의 히스토그램은 정규분포를 가지게 되는데, 이렇게 되면 극단적으로 중앙에서 멀리 떨어진 오른쪽 끝, 왼쪽 끝의 값의 경우에는 그렇게까지 표본평균의 차이가 발생하는 경우는 거의 없다고 볼 수 있습니다.

그렇다면 극단적으로 멀리 떨어진 값이 발생하는 것은 어느 정도의 확률로 우연히 발생하는지 생각해 볼 수 있습니다. 즉, "표본평균값에 차이가 없다고 생각했는데, 이렇게까지 차이가 나는 것은 이상하지 않을까?"라고, 지금까지와는 다른 생각을 하게 됩니다.

이번에는 두 분포가 같은 경우에도 표본평균의 차이가 어떻게 되는지 경험하기 위해 두 종류의 분포의 평균, 표준편차, 개수를 같은 값으로 만들어 봅니다. 즉, 마치 동일한 분포에서 각각 n 개의 표본평균을 추출했다고 가정하고, 그 분포가 어떻게 되는지 살펴봅니다.

● 두 분포가 같은 경우 표본평균의 차이

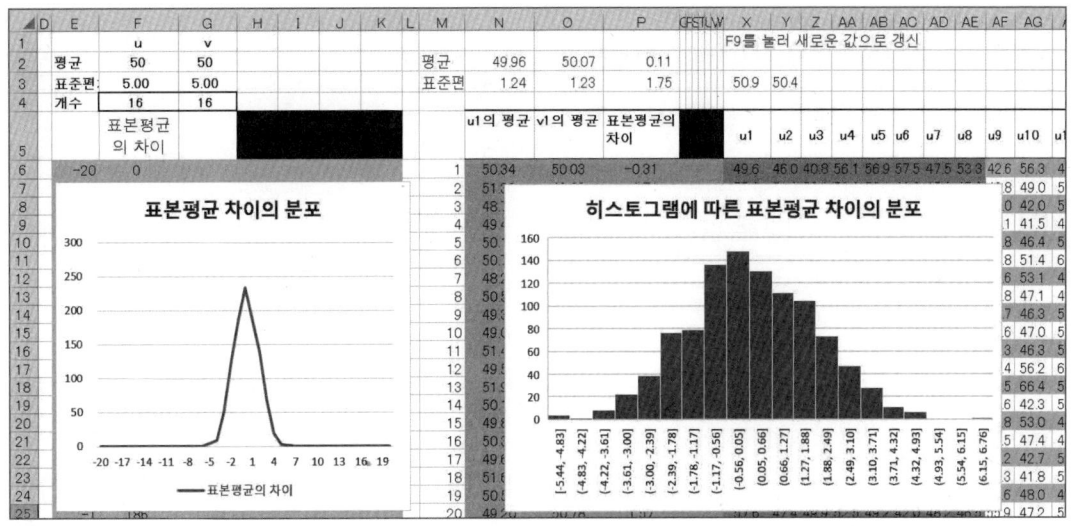

》》 F2 셀에 평균 50, F3에 표준편차 5, F4에 개수 16을 입력한다.
》》 G2 셀에 위와 동일하게 평균 50, G3에 표준편차 5, G4에 개수 16을 입력한다.
》》 F열에 두 표본평균의 차이를 구한다. 이를 바탕으로 그래프를 그린다.
》》 P열에 히스토그램을 작성한다. 이때 세밀한 계급값으로 히스토그램을 그린다.
》》 값을 갱신하여 두 분포의 관계와 히스토그램의 범위를 확인한다.
》》 왼쪽 그래프를 세밀하게 히스토그램으로 만든 것이 오른쪽 그래프임을 확인한다.
》》 F9 또는 Shift + F9로 값을 갱신하여 그래프의 모양이 바뀌는 것을 확인한다.

이번에도 표본평균의 차이는 일정한 폭을 가진 정규분포가 되었습니다. 중심극한정리라는 정리에 의해 어떤 것이든 평균을 취하면 정규분포를 따르게 됩니다. 그렇다면 동일한 분포의 표본평균의 차이를 구해도 어느 정도 이상의 차이가 발생하는 경우는 거의 없다는 것을 알 수 있습니다. 이처럼 이번 그림을 통해 표본평균의 차이가 어느 일정 범위에 들어간다는 점을 경험할 수 있었습니다.

[단계 3] **표본평균의 차이를 정규화한 분포는 무엇을 말하는가**

지금까지는 평균 50g의 튀김을 이야기했지만, 통계적 가설검증을 할 때마다 개별적으로 처리하기에는 무리가 있습니다. 그래서 어떤 정규분포도 같은 모양으로 만드는 정규화라는 처리를 합니다. 여기서 정규화 처리를 하면 모든 분포를 동일하게 취급할 수 있게 된다는 점을 이해해야 합니다.

간단히 말하자면 정규화 처리란 표본과 평균의 차이(편차)를 표준편차로 나누어 평균 0, 표준편차 1의 분포로 바꾸는 처리입니다.

분석할 대상이 표본평균의 분포라면 표본평균의 표준편차, 즉 표준오차로 나눕니다. 대상이 개별 값인지, 여러 값의 평균(표본평균)인지 주의해야 합니다. 개별 값이 대상이라면 표준편차를, 표본평균이 대상이라면 표준오차를 사용하게 됩니다.

정규화 처리를 하면, 50±5g의 튀김, 100점 만점의 영어 점수 분포, 90점 만점의 사회 점수 분포, 200g의 햄버거 분포 등 분포나 평균이 다른 데이터도 모두 동일하게 평균 0, 표준편차 1의 그래프로 변환할 수 있습니다. 여기서 정규화 처리를 실제로 살펴 봅시다.

● 표본평균 차이의 분포

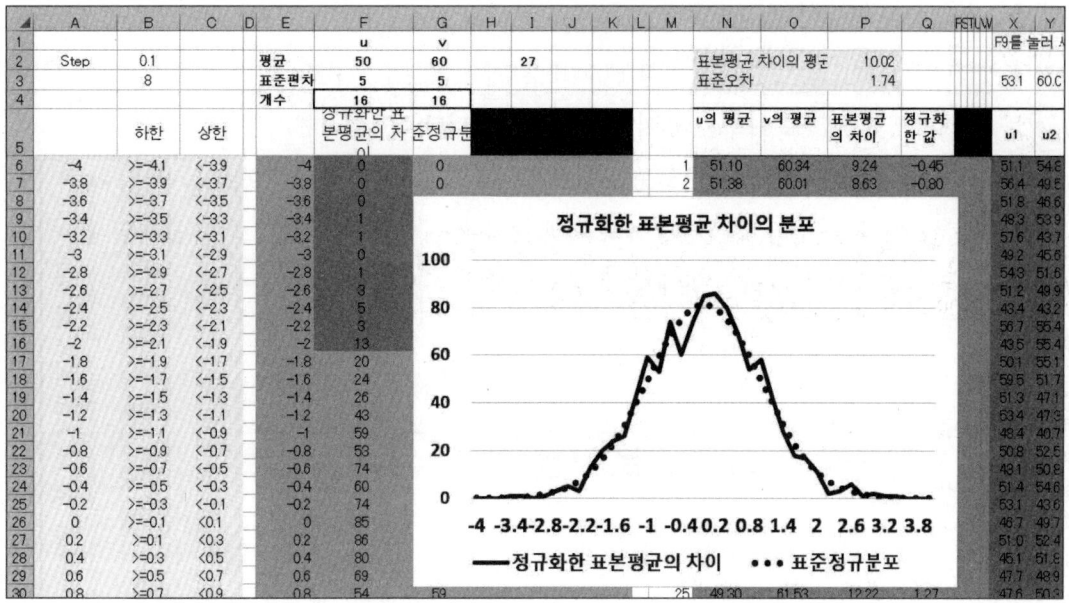

파일을 파일을 열고 다음 작업을 수행합니다.

>>> F2 셀에 평균 50, F3에 표준편차 5, F4에 개수 16을 입력한다.
>>> G2 셀에 평균 60, G3에 표준편차 5, G4에 개수 16을 입력한다.
>>> N열에 u 분포의 16개 표본평균, O열에 v 분포의 16개 표본평균, O열에 16개의 표본평균이 있는 것을 확인한다.
>>> P열에 두 표본 평균의 차이를 구한다.
>>> P2에 표본평균 차이의 평균을 구한다.
>>> P3에서 두 표본평균 차이의 표준편차, 즉 표준오차를 구한다.
>>> 위의 두 값을 이용하여 Q열에 정규화된 결과를 구한다.
>>> 정규화된 값의 빈도를 F열에, 표준정규분포의 값을 G열에 구하여 그래프를 그린다.
>>> 정규화된 값의 그래프가 표준 정규분포와 거의 동일한 형태가 되는 것을 확인한다.
>>> F9 또는 Shift + F9 로 값을 갱신하여 그래프의 모양이 바뀌는 것을 확인한다.

제5장 대소 관계의 검토는 표본평균 차이의 분포로부터

앞의 그림으로 설명하겠습니다. 그림의 맨 위(N6:Q6)를 보면 P6의 표본 평균의 차이가 9.24, 표본평균 차이의 평균이 10.02, 전체 표본평균 차이의 표준편차가 P3 셀에 표준오차 1.74로 구해져 있습니다. 구한 표본 평균의 차이 P6의 9.24에서 표본평균 차이의 평균 P2의 10.02를 빼고 표준오차 P3의 1.74로 나누는 것이 정규화 처리입니다.

이 정규화 처리를 한 것이 Q값으로 (9.24-10.02)/1.74=-0.45라는 값이 나옵니다. 이는 앞의 그래프의 분포에서 볼 수 있듯이 가로축의 거의 중앙에 위치한 값입니다. 즉, 정규화된 값이 Q6 셀에 표시된 -0.45가 분포의 중앙에서 자주 발생한다는 것을 알 수 있습니다.

5.3 통계적 가설검정으로 표본평균의 차이를 검토

앞 절까지, 평균값의 크고 작음은 쉽게 말할 수 없으니 어떻게 하면 좋을까에 대해 이야기했습니다. 그래서 평균값의 크고 작음을 정량적으로 판단하기 위해 '통계적 가설검정'의 방법을 사용하여 살펴보겠습니다. 통계적 가설검정 이야기가 어려운 이유는 가설검정 과정에서 귀무가설, 대립가설이라는 다소 이해하기 어려운 가설을 가지고 이야기를 진행하기 때문이라고 필자는 생각합니다.

하지만 이 이야기의 내용은 지극히 단순하여 두 표본평균에 차이가 없어 차이가 0이 되는 상태의 빈도와 표본평균의 차이가 많이 나는 상태의 빈도가 얼마나 될까라는 생각입니다. 평균값의 검정인 t검정이나 분할표의 검정인 카이제곱 검정도 이 통계적 가설검정을 알면 쉽게 이해할 수 있습니다.

통계적 가설검정의 기본 개념을 표본평균의 비교를 예로 들어 설명하면 다음과 같습니다.

- 두 표본평균 차이의 분포는 정규분포가 되는 것을 확인한다.
- 그리고 처음에 두 데이터의 표본평균이 동일하여 표본평균의 차이가 0이라고 가정한다. 즉, 처음에 두 표본평균에 차이가 없다는 가설을 세우고 이를 귀무가설 H0으로 나타낸다. 다음으로 두 표본평균에 차이가 있다는 가설을 세우고 이를 대립가설 H1로 나타낸다.
- 표본평균의 차이가 크게 어긋나는 것이 어느 정도의 빈도인가를 생각한다. 이것은 표본평균 차이의 히스토그램에서 오른쪽 구석이나 왼쪽 구석에 위치하는 경우를 의미한다.

≫ 자신이 구한 표본평균의 차이가 우연히 생긴다고 해도 어느 작은 값보다도 작다면, 처음에는 같다고 생각하고 그렇게까지 어긋나는 경우는 거의 없다고 판단하고 첫 번째 귀무가설을 버린다. 이를 귀무가설을 기각한다고 표현한다.

사전에 귀무가설을 기각하는 기준이 되는 값을 유의수준이라고 합니다. 역사적으로 $p=0.05$의 값이 사용됩니다. 이러한 개념이 표본평균을 예로 든 통계적 가설검정에 대한 설명입니다. 또한, 검정에 사용하는 통계의 값을 검정통계량이라고 하며, 평균의 차이인 t값, Z값, 분할표의 차이를 나타내는 카이제곱값, 분산비를 나타내는 F값 등이 자주 사용됩니다.

많은 통계학 책에서는 '통계적 가설검정에서 귀무가설과 대립가설을 이렇게 세우고 검토한다' 라고만 적혀 있고, 왜 그렇게 되는지에 대한 자세한 설명은 잘 되어 있지 않습니다. 그래서 이 책에서는 지금까지 보여드린 것처럼 직접 데이터를 추출하여 표본평균 차이의 분포를 경험하는 과정을 통해 통계적 가설검정에 대한 이야기를 쉽게 이해할 수 있도록 하였습니다.

5.4 표본의 개수가 바뀌면 표준오차는 어떻게 될까?

그런데 평균값의 검정을 실시할 때, 사례 수가 적은 것의 표본평균을 대상으로 분석해도 좋을까요? 일반적으로 조사, 분석을 할 때 사례 수를 늘리라고들 하는데 사례 수를 늘리면 어떤 좋은 점이 있을까요? 사실은 사례 수를 늘리면 표본평균의 편차인 표준오차가 작아집니다. 그렇게 하면 분석의 정확도가 좋아집니다. 여기에서는 나중에 기술할 t검정을 설명하는 전단계로서 표본의 수를 변화시키면 표준오차가 어떻게 되는지를 경험합니다.

● 표본의 수와 표준오차

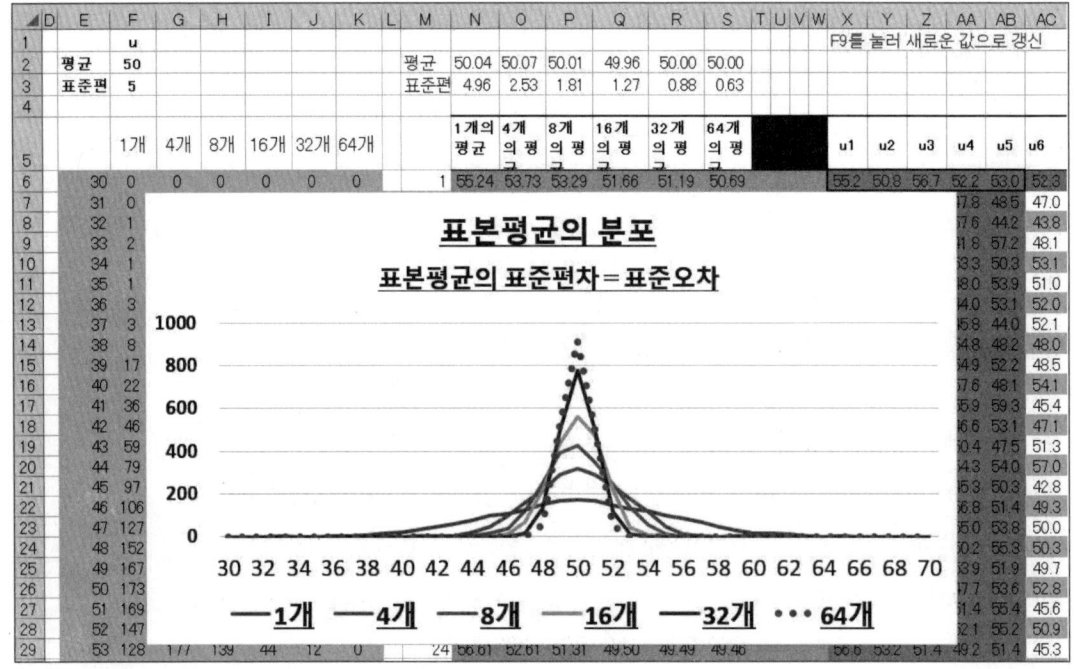

지정된 시트를 열기 바랍니다. 원래는 그래프의 선의 종류를 바꿔서 표시하는데 그래프가 복잡해지기 때문에 표본 수가 64개인 곳만 굵은 점선으로 나타냅니다.

》》 정규분포를 생성하기 위해 F2 셀에는 평균 50, F3에 표준편차 5를 입력한다.
》》 생성한 정규분포 데이터 1, 4, 8, 16, 32, 64개의 표본평균을 N열부터 S열에 걸쳐서 구하고 있는 것을 확인한다.
》》 생성한 데이터의 평균값을 N2:S2에 구한다.
》》 생성한 데이터의 표준편차를 N3:S3에 구한다.
》》 N3:S3를 표준편차로 표시하였지만 표본평균의 표준편차이므로 이것이 표준오차가 된다는 것을 이해한다.
》》 생성한 데이터의 빈도를 F열에서 K열에 걸쳐서 구한 다음, 이를 바탕으로 히스토그램으로 표시한다.
》》 F9 혹은 Shift + F9로 값을 갱신하여 그래프 모양이 변하는 것을 확인한다.

여기에서, 표본평균의 기본적인 성질을 기억해 둡시다. 표본을 많이 구해 평균을 취하면, 그 평균의 분포는 원래 분포의 평균에 가까워집니다. 표본평균의 그래프를 예로 들면, 표본의 수를 크게 하면 표본평균 분포의 폭은 좁아져 갑니다.

이것을 통계학의 전문 용어로 대수의 법칙이라고 합니다. 대수의 법칙이란 모집단에서 무작위로 뽑아낸 표본의 평균은 표본의 개수를 크게 하면 모집단의 평균, 즉 모집단의 평균에 점차 가까워진다는 것입니다. 그림으로 말하면 표본평균의 분포가 점점 중앙의 평균에 가까워지는, 즉 폭이 좁아지는 것이 이 대수의 법칙에 해당합니다.

모집단에서 n개의 표본을 취했을 경우, 그 표본평균과 모평균의 관계는 n이 2, 4, 8, 16으로 증가했을 때 어떻게 되는지 엑셀 시트의 N3:S3 셀을 보기 바랍니다. n이 커지면 분포의 폭이 작아집니다. 즉 표본평균의 표준 편차, 즉 표준오차는 작아집니다. n이 4배가 되면 표준편차는 처음 값의 $1/\sqrt{4} = 1/2$가 됩니다.

흔히 실험이나 조사에서는 표본 수를 늘리는 것이 좋다고 합니다만, 단순히 수를 늘린다고 효과가 나타나는 것은 아닙니다. 또한 관점을 바꾸면, 표본의 표준편차와 표본 수로부터 원래 분포의 표준편차를 추측할 수 있습니다. 덧붙여 표본 수를 통계 분야에서는 'n수'라고 표현하기도 합니다.

5.5 평균값 검정인 t검정은 t분포를 이용한 표본평균 차이의 검정

대부분의 통계학 교과서에서는 평균값 검정에 대해 매우 어설프게 '평균값 검정인 t검정의 식은 이렇습니다'라고만 쓰여 있을 뿐입니다. 그러나 t검정이란 t분포라고 하는 정규분포와는 조금 다른 분포를 이용하여 평균값의 차이를 검토하는 기법이라고 할 수 있습니다.

t검정의 공식은 복잡하게 쓰여져 있고, 많은 사람들에게 있어서는 의미 불명의 수수께끼 식일 뿐입니다. 그러나 매우 복잡하다고 여겨지는 t검정의 공식은 사실 지금까지의 지식으로도 충분히 설명할 수 있습니다. 여기에서는 여러분의 선배님들이 어려워했던 t검정의 식을 알기 쉽게 해설합니다.

다음에 평균값의 검정이라고 하는 t검정의 공식을 제시합니다. 이 공식을 올바르게 표현하면 '평균값 차이의 검정'입니다. 첫 번째로 사용되는 기호를 설명하겠습니다. 대상이 되는 데이터가

2종류 있으므로, 각각을 표본 1, 표본 2로 명명하고 이들을 구별하기 위해 아래 첨자 1과 2로 나타내면 다음과 같습니다.

표본 1 n_1 x_1의 데이터 개수 $\bar{x}_1$ x_1의 평균
               s_1 x_1의 표준편차 s_1^2 x_1의 분산

표본 2 n_2 x_2의 데이터 개수 $\bar{x}_2$ x_2의 평균
               s_2 x_2의 표준편차 s_2^2 x_2의 분산

s 표본 1, 표본 2가 같은 모집단에서 추출되었다고 가정했을 때의 공통 표준편차
s^2 공통 분산

$$t = \frac{\bar{x}_1 - \bar{x}_2}{s\sqrt{\frac{1}{n_1} + \frac{1}{n_2}}}$$

s를 구하기 위해서는 다음과 같은 계산을 합니다.

$$s^2 = \frac{(n_1-1) \times s_1^2 + (n_2-1) \times s_2^2}{(n_1-1)+(n_2-1)}$$

$$= \frac{(n_1-1) \times s_1^2 + (n_2-1) \times s_2^2}{n_1+n_2-2}$$

자, 이 식을 천천히 살펴봅시다. 분자에서 문자 위에 막대가 붙어 있는 것은 표본평균이기 때문이고, 분자 부분은 단지 표본평균의 차이를 구하는 것 뿐입니다.

분모 부분은 조금 복잡합니다. 불편분산은 편차제곱의 합계(편차제곱합)를 데이터 개수에서 1을 뺀 것으로 나누어 구합니다. 그것을 염두에 두고 분모 부분을 보면, 분산 s_1^2에 n_1-1을 곱하고 분산 s_2^2에 n_2-1을 곱하여 각 편차제곱합의 값으로 넘겨줍니다. 그리고 그것을 서로 더한 후, 다시 $(n_1-1)+(n_2-1)$으로 나누어 공통의 분산 s^2을 구하고 그 제곱근을 취하여 표준편차 s를 구합니다.

$$s^2 = \frac{(n_1-1) \times s_1^2 + (n_2-1) \times s_2^2}{(n_1-1) + (n_2-1)}$$

$$= \frac{(n_1-1) \times s_1^2 + (n_2-1) \times s_2^2}{n_1 + n_2 - 2}$$

그리고 분모에서는 표준편차 s에 루트 안의 값을 곱해서 뭔가 계산을 하고 있습니다. 대략적으로 말하면, 표본평균의 차이를 표준편차로 나누는 정규화 처리를 하고 있습니다.

$$s\sqrt{\frac{1}{n_1} + \frac{1}{n_2}}$$

여기서 루트 안이 무엇이 되는가가 문제가 됩니다. t검정 공식의 분모의 오른쪽 안은 표본 수와 표준오차와의 관계, 즉 n이 커지면 표준편차가 $1/\sqrt{n}$이 되는 것을 이용하고 있습니다.

여기에서 '평균 차이의 표준편차가 표준편차의 합이 되는가?'라는 의문이 생깁니다. 하지만 항상 전체가 큰 분포의 표본평균에서 작은 분포의 표본평균을 빼는 것은 아니고, 가끔은 작은 분포의 표본평균에서 큰 분포의 표본평균을 빼기도 하므로, 표본평균 차이의 표준편차는 커진다고 이해하기 바랍니다. 이전 시트를 바탕으로 평균 차이의 표준 편차가 표준 편차의 합이 되는 예를 설명합니다.

● 두 분포가 동일한 경우 표본평균의 차이를 다시 살펴본다

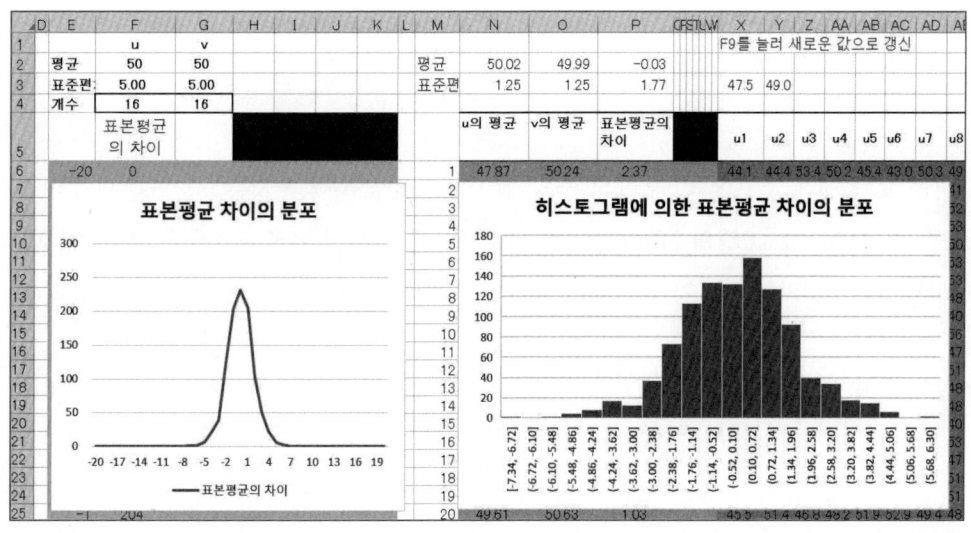

제5장 대소 관계의 검토는 표본평균 차이의 분포로부터

앞의 시트에서는 원래 두 개의 표본에 대해 평균은 50, 표본 수는 16, 표준편차는 5로 설정했습니다. 이러한 표준편차 데이터 16개에 대한 평균을 엑셀 시트의 N6과 O6 셀의 아래쪽 방향에 구하고, 이 둘의 차이를 P6부터 아래쪽으로 구했습니다. 이것을 t검정 공식의 분모 부분에 넣으면 다음과 같습니다.

$$s^2 = \frac{(16-1) \times 5^2 + (16-1) \times 5^2}{(16-1)+(16-1)} = \frac{15 \times 25 + 15 \times 25}{30} = 25$$
$$s = 5$$

$$s\sqrt{\frac{1}{n_1} + \frac{1}{n_2}} = 5\sqrt{\frac{1}{16} + \frac{1}{16}} = 5\sqrt{\frac{1}{8}} = \frac{5}{2\sqrt{2}} \fallingdotseq 1.768$$

제시되는 분석용 데이터는 난수를 이용하여 생성하였기 때문에 이론적인 정규분포와 차이가 있습니다. 하지만 위 식의 1.768은 엑셀 시트의 P3 셀의 값과 가까운 값으로, F9 키를 눌러 데이터를 갱신해도 P3 셀에 1.768에 가까운 값이 표시됩니다. 이제 실험적으로 표본평균 차이의 표준편차는 표본평균의 합을 이용하여 구할 수 있다는 것을 경험할 수 있었습니다. 이렇게 평균 차이의 표준편차는 두 분산의 합으로 구할 수 있다는 것을 이해하기 바랍니다.

한 가지 더 예를 들어보겠습니다. 위의 예는 평균이 50이고 표준편차가 5인 정규분포를 이용한 설명이었습니다. 이번에는 표준편차가 1이고, 평균이 0인 표준정규분포를 준비하고(그래프에서는 실선과 점선으로 표현), 각각에서 4개씩 데이터를 취한 표본평균의 차이(그래프에서 굵은 실선)를 구한 예입니다.

다음 그림을 보면 원래 분포에 비해 표본평균 차이의 그래프 폭이 커지는, 즉 표준편차가 커지는 것을 알 수 있습니다. 그림의 N3, O3, P3 셀에 3가지 분포의 표준편차가 구해져 있는데, 표본평균 차이의 표준편차(P3)가 각 데이터의 표준편차(N3:O3)보다 커진 것을 알 수 있습니다.

● 두 표준정규분포의 표본평균 차이

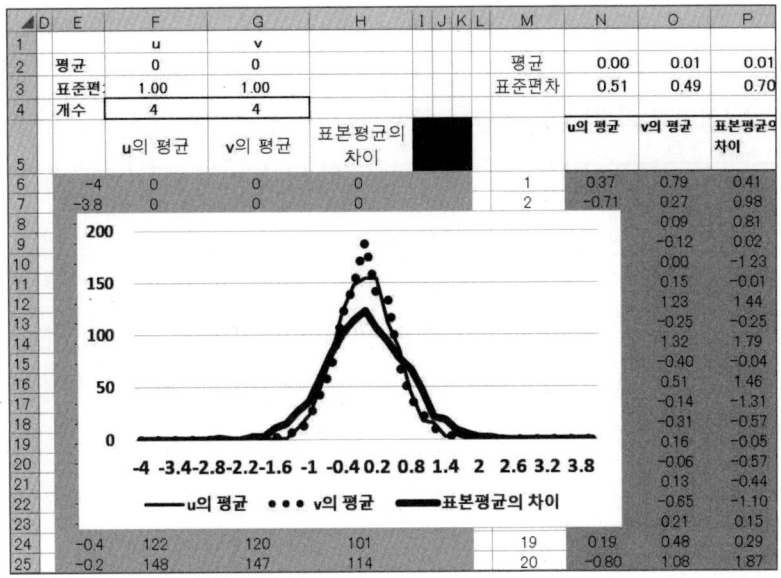

먼저 두 개의 표준정규분포를 생성하는 작업을 수행합니다.

》》 F2 셀에 생성할 표준정규분포의 평균 0, F3에 표준편차 1, F4에 표본 수 4를 입력한다.
》》 G2 셀에 생성할 표준정규분포의 평균 0, G3에 표준편차 1, G4에 표본 수 4를 입력한다.
》》 가는 선과 점선이 표준정규분포의 표본평균 분포임을 확인한다.
》》 굵은 선이 위의 2종류의 표본평균 차이의 분포인지 확인한다.
》》 표본평균의 차이 분포가 원래 분포보다 폭이 넓어지는 것을 확인한다.
》》 F9 또는 Shift + F9로 값을 갱신하여 그래프 모양이 바뀌는 것을 확인한다.

위의 예에서 s의 값이 1, n_1, n_2가 4라고 가정하고 계산을 해 보겠습니다.

$$s\sqrt{\frac{1}{n_1}+\frac{1}{n_2}} =$$

$$1\sqrt{\frac{1}{4}+\frac{1}{4}} = 1\sqrt{\frac{1}{4}+\frac{1}{4}} = 1\sqrt{\frac{1}{2}} = \frac{1}{\sqrt{2}} = \frac{1}{1.414} \fallingdotseq 0.707$$

계산상으로는 0.707, 예시한 엑셀 시트에서 P3 셀을 보면 0.70으로 비슷한 값이 나왔습니다.

결국 평균값 차이의 검정인 t검정 식의 분자는 평균의 차이, 분모는 평균 차이의 표준편차(표준오차)가 됩니다. 이 두 가지를 사용하면 정규화 처리를 하는 것이 됩니다. 그리고 t 값은 평균값의 차이를 나타내는 지표로 사용합니다.

지금까지의 내용으로 어떻게 평균값의 차이를 검정하고 있는지의 의미를 나타냈습니다. 이 평균의 차이를 평균 차이의 표준오차로 나누어 일종의 정규화를 하는 이야기는 서열 척도 검정인 비모수 검정(이 책에서는 다루지 않습니다) 등 여러 곳에서 모양과 형태를 달리하여 등장합니다. 이 부분에 대해 자세히 알고 싶은 분은 저자가 쓴『엑셀로 배우는 쉬운 통계학(옴 사)』등을 읽어보시기 바랍니다.

5.6 t분포 체험

사실 t분포는 정규분포에 기반한 분석이 아니라 정규분포와는 조금 다른 t분포라는 분포를 기반으로 분석이 이루어집니다. 다만, 글자와 수식을 읽는 것만으로는 그 차이를 이해하기 어렵기 때문에 실제로 t분포를 만들어서 어떤 형태의 분포가 되는지 경험해 보도록 합니다.

사실 표본 수가 적으면 표본평균의 분포는 정규분포가 아니라 위에서 약간 짓눌린 것 같은 형태의 t분포가 됩니다. 직접 t분포를 경험해 봅시다.

표본 x n x의 데이터 개수 $\bar{x}$ x의 평균
s x의 표준편차 s^2 x의 분산
μ 모집단의 평균

$$t = \frac{\bar{x} - \mu}{s\sqrt{\frac{1}{n}}}$$

● *t* 분포 경험해 보기

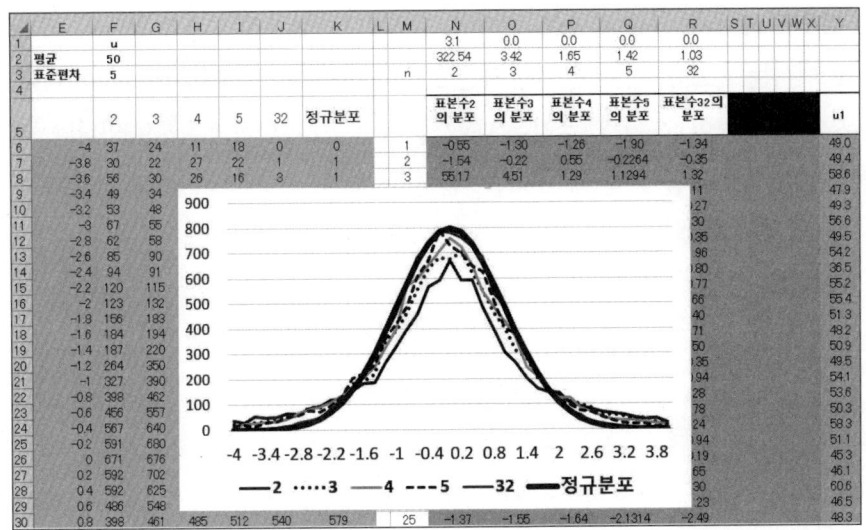

t 분포가 어떻게 되는지 경험해 보기 위해 엑셀 파일을 열기 바랍니다.

》》 F2 셀에 생성할 정규분포의 평균 50, F3에 표준편차 5를 입력합니다.
》》 F열부터 N열까지 정규분포를 따르는 표본에 대해 2, 3, 4, 5, 32개의 표본을 기준으로 *t*분포의 식에 따라 *t*값을 구한다.
》》 F열부터 J열까지 N열부터 R열에서 구한 *t* 값의 빈도를 구한다.
》》 K열에 평균 50, 표준편차 5의 정규분포의 빈도를 구한다.
》》 F열부터 K열까지 그래프로 표시한다.
》》 F9 또는 Shift + F9로 값을 갱신하고 그래프 모양이 바뀌는 것을 확인한다.

이 예제에서는 화면 오른쪽 데이터 테이블에 평균 50, 표준편차 5의 정규분포 난수로 만든 데이터를 배치해 놓았습니다. 그리고 거기서 2, 3, 4, 5, 32개의 평균을 구하고, 그 결과를 바탕으로 *t*검정 공식에 따라 *t*값을 구하여 그래프에 표시했습니다. 이것이 *t*분포라고 부르는 것입니다.

*t*분포는 표본 수가 2, 3, 4, 5, 32로 커질수록 정규분포에 가까워집니다. 실제로 표본 수가 30을 넘으면 정규분포와 거의 비슷해집니다. 이 *t*분포를 이용한 검정이 *t*검정입니다. 하지만 평균값 차이 검정의 개념은 지금까지의 평균값 차이 검정과 동일합니다. 여러분은 평균과 표준편

차를 바꾸면서 t분포가 어떻게 변화하는지 경험해 보시기 바랍니다.

참고로 n이 30을 넘으면 t분포는 표준 정규분포에 가까워집니다. t검정에서 양측 확률이 5%가 되는 t값은 자유도 10에서는 2.228, 자유도 20에서는 2.086, 자유도 30에서는 2.042입니다. 표준정규분포의 경우 양측 확률이 5%가 되는 값은 대략적으로는 2, 정확하게는 1.96입니다. 이 '2'라는 값을 기억해두면, t검정 계산을 할 때 유의한 차이가 있을 것 같은지 혹은 없을 것 같은지에 대한 기준을 삼을 수 있습니다.

요약

이 책에서는 모집단에서 표본을 추출하는 경우, 모집단의 표준편차를 알 수 없기 때문에 모집단의 표준편차를 표본의 표준편차, 평균값으로부터 추정하는 t검정을 주로 설명했습니다. 하지만 세상에는 드물게 모집단의 평균, 표준편차를 알고 있는 경우가 있습니다. 이를 다루는 것은 t검정이 아니라 Z검정이라고 합니다. 하지만 통계학 초보자분들이 그런 사례를 다루는 경우는 드물다고 생각하여 이 책에서는 다루지 않았으며, Z검정 공식은 t검정 공식보다 더 간단합니다. 관심이 있으신 분은 통계학 교과서 등을 통해 알아보시기 바랍니다.

- 표본평균의 대소 관계를 쉽게 결정할 수 없다는 것을 이해할 수 있다.
- 통계적 가설검정의 의미를 알 수 있다.
- 표본 수가 증가하면 표본오차가 어떻게 되는지 이해할 수 있다.
- t검정 공식의 의미를 이해할 수 있다.
- t검정 공식이 일종의 정규화임을 이해할 수 있다.
- t분포는 정규분포와 약간 다르다는 것을 이해할 수 있다.

제6장

식당 업무 개선에 t검정을 사용해 본다

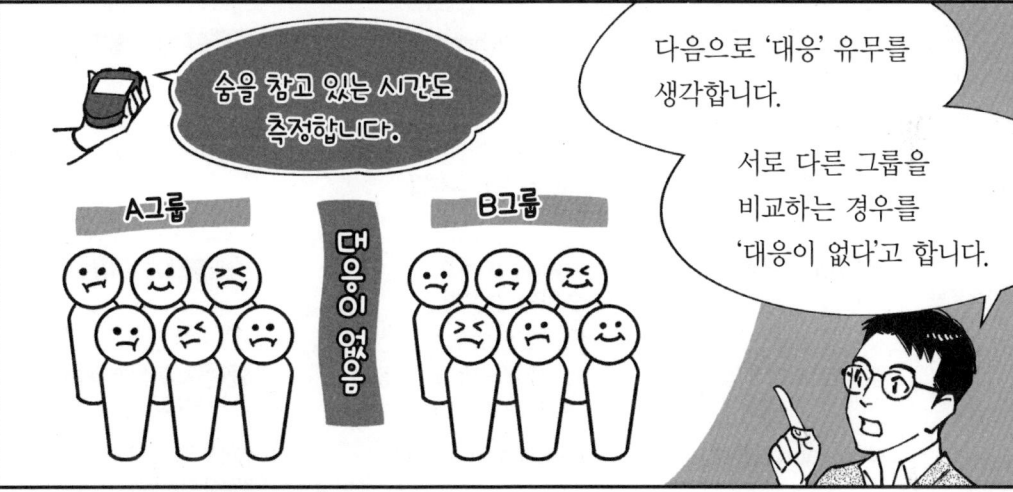

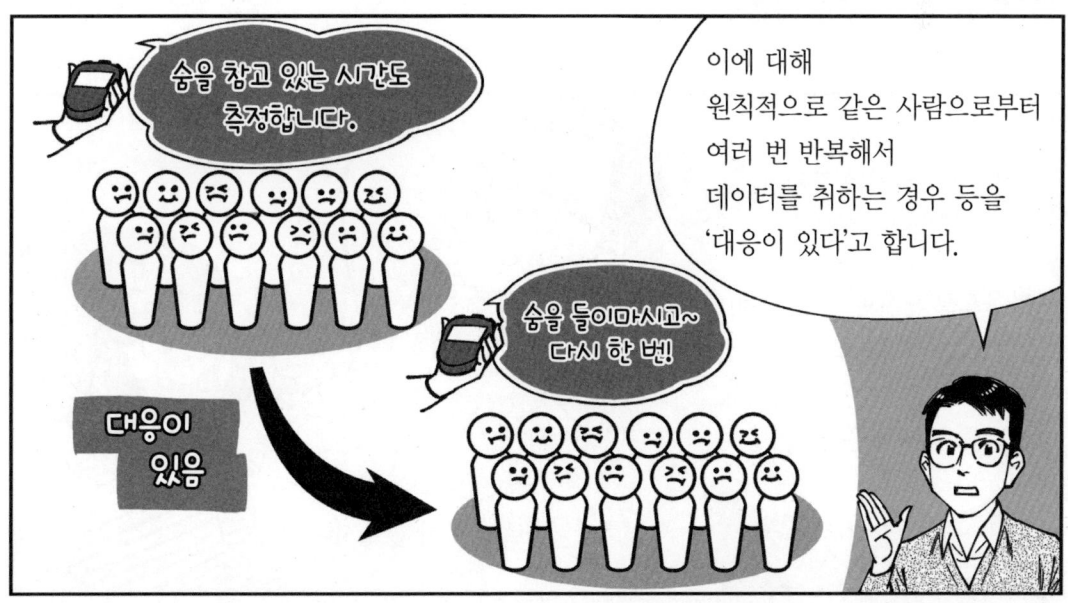

이상 '척도의 종류'와 '대응 유무'에 따라 검정 종류가 이렇게 결정됩니다.

표본이라는 것은 데이터 그룹을 말하는 것입니다.

우와~! 뭔가 엄청 많군요….

	명목 척도	순서 척도 간격·비례 변수라도 정규분포라고 가정할 수 없는 경우	간격·비례 척도 정규분포라고 가정할 수 있는 경우
1표본	2검정 방법 1표본 카이제곱 검정법	Kolmogo-Smimov 1시료 검정법 1표본 검정법	정규분포에 의한 검정법 1표본 t검정법
독립 2표본	Fisher 직접확률 검정법 2표본 카이제곱 검정법	Mann-Whitney U검정법 (Wilcoxon 순위합 검정법) 2표본중앙값 검정법 Kolmogo-Smimov 2표본 검정법 2표본연속 검정법 Moses 검정법	대응이 없는 t검정법
대응 2표본	맥니마 검정법	Wilcoxon 부호 순위합 검정법 부호 검정법	대응이 있는 t검정법
독립다표본	다표본 카이제곱 검정법	Kruskal-Wallis 검정법 다표본 중앙값 검정법	1원배치분산분석법 2수준비교법
대응다표본	Cochran Q검정법	Friedmann 검정법	반복이 없는 2원배치분산분석법 반복이 있는 2원배치분산분석법

Mann-Whitney U검정법과 Wilcoxon 순위합 검정법은 본질적으로 동일한 것입니다.

통계학 초보자는 우선 굵은 글자로 표시된 것만 공부해도 좋습니다.

다음으로 중요한 것은 회색 부분…. 나머지는 고급이므로 이번에는 다루지 않겠습니다. 언젠가 공부해 주세요.

어? 순서 척도의 검정은 가르쳐 주지 않으시나요?

정말로
신입조와 베테랑조의 비교는
등분산 2표본을 대상으로 하는 t검정
(대응이 없음)이고

조리 지도 전후의 비교는
쌍을 이루는 데이터의 t검정(대응이 있음)이
적절한 것 같아요.

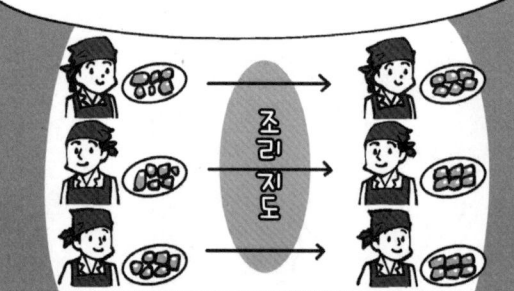

엑셀을 사용할 생각인데 어떻게 하면 좋을까요?

그렇다면 엑셀의 T.TEST 함수를 를 사용합니다.

'꼬리'와 '검정의 종류'는 숫자로 지정합니다.

= T.TEST(배열1,　배열2,　꼬리,　검정의 종류)

- 대상이 되는 데이터 ①
  A2:A10 등
- 대상이 되는 데이터 ②
  B2:B10 등
- ①은 단측 분포
  ②는 양측 분포(일반적으로는 ②)

검정의 종류는
각각 아래와 같습니다.

숫자	검정의 종류
1	쌍을 이루는 데이터의 t검정(대응이 있는 경우) • 같은 사람에게 2회 표본평균을 측정하여 비교하는 경우
2	등분산 2표본을 대상으로 하는 t검정(대응이 없는 경우) • 같은 2개의 모집단에서 표본평균을 비교하는 경우
3	이분산 2표본을 대상으로 하는 t검정 • 분산이 같다고 생각할 수 없는 표본평균을 비교하는 경우

통계학 초보자가 엑셀로 t검정을 할 때 많은 경우 위의 두 가지입니다.

우선은 1과 2를 이해합시다.

숫자	검정의 종류
1	쌍을 이루는 데이터의 t검정(대응이 있는 경우) • 같은 사람에게 2회 표본평균을 측정하여 비교하는 경우
2	등분산 2표본을 대상으로 하는 t검정(대응이 없는 경우) • 같은 2개의 모집단에서 표본평균을 비교하는 경우
3	이분산 2표본을 대상으로 하는 t검정 • 분산이 같다고 생각할 수 없는 표본 평균을 비교하는 경우

3은 어떤 경우인가요?

보통은 전혀 다른 집단….

예를 들어 운동선수와 일반 학생이 섭취한 칼로리의 차이를 보는 것과 같은 경우입니다.

통계학은 실무에 도움이 되는 것이 중요합니다.

엑셀로 직접 작업하면서 이해하는 것과 동시에

척도의 종류와 대응 유무 등을 평소에 분류하여 분류해 봅시다.

제6장 식당 업무 개선에 t검정을 사용해 본다

6.2 t검정의 종류에 대하여

지금까지는 검정 방법의 선택에 대해 살펴봤습니다. 여기서는 여러 가지 통계 기법 중 실제로 사용할 기회가 많은 평균값의 검정을 하는 t검정을 다루어 보겠습니다. 그리고 엑셀의 함수를 이용한 t검정의 실제를 경험해 보겠습니다. 사실 t검정에는 3종류가 있으며, 엑셀 함수로는 다음과 같은 세 가지 종류의 검정을 다룹니다.

1. **쌍을 이루는 데이터의 t검정(대응이 있는 경우, 대응 표본)**
   - 동일한 사람에게 두 번 표본평균을 측정하여 비교하는 경우 유의미한 차이가 나오기 쉽다.
   - 예: 식재료의 길이에 대해 조리 지도 전과 후를 비교하는 경우
2. **등분산(等分散) 2표본을 대상으로 하는 t검정(대응이 없는 경우, 독립 표본 등분산)**
   - 동일한 두 모집단에서 표본평균을 비교하는 경우
   - 예 요리사의 차이에 따른 튀김용으로 자른 고기의 무게 비교
3. **이분산(異分散) 2표본을 대상으로 하는 t검정(극단적으로 분포가 다른 경우, 독립 표본 이분산)**
   - 분산이 같다고 볼 수 없는 표본의 평균을 비교하는 경우
   - 예 전혀 다른 집단, 예를 들어 운동 선수와 일반 학생이 섭취한 칼로리의 차이를 보는 것과 같은 경우

통계학 초보자분들이 t검정을 하는 경우는 대부분 등분산 2표본을 대상으로 하는 t검정이나 쌍을 이루는 데이터의 t검정 2종류이므로, 먼저 이 두 가지 종류를 이해하도록 합시다.

6.3 튀김의 길이 분석은 대응이 없는 t검정

식당 업무 개선의 시작은 대응이 없는 t검정으로 튀김 고기의 크기를 검토하는 것입니다. 여기서는 조리하는 사람의 조리 경험에 따라 고기의 크기, 즉 자른 고기의 길이에 차이가 있는지를 검토합니다.

먼저 튀김 고기의 크기에 대해 고기의 무게는 50g으로 통일하고, 길이도 50mm로 통일하여 외형적으로도 통일하고자 한다고 가정합니다. 그리고 직원의 연령이 높으면 조리 경험이 많기

때문에 정해진 길이에 맞출 수 있을 것이라고 가정합니다. 이 경우 가설은 다음과 같습니다.

귀무가설 H0   연령에 따른 두 표본의 평균은 같다.
대립가설 H1   연령에 따른 두 표본의 평균은 다르다.

이러한 문제는 등분산 2표본을 대상으로 하는 t검정이 됩니다. 따라서 요리하는 사람의 나이를 20-30대와 40-50대 2그룹으로 나누어 조리한 고기의 길이를 비교합니다.

● 연령에 따른 절단 길이의 차이

	20-30대	40-50대					
	52	46	p=	0.204			
	39	30		=T.TEST(F4:F26,G4:G26,2,2)			
	38	50		=T.TEST(20-30대 데이터,40-50대 데이터,꼬리,검정 종류)			
	50	48					
	43	58	꼬리	1	단측 분포		
	24	52		2	양측 분포		
	55	53					
	46	48	검정 종류	1	대응 표본 t검정		
	41	41		2	등분산 2표본을 대상으로 하는 t검정		
	45	51		3	이분산 2표본을 대상으로 하는 t검정		
	49	49					
	49	38					
	47	44					
	51	49					
	44	52					
	45	48					
	48	62					
	43	53					
	41	44					
	49	42					
	39	43					
	43	50					
	46	35					

여기서는 등분산으로 생각되는 2표본을 대상으로 하는 t검정을 가정하여 분석합니다. 이를 위해 닭고기의 길이를 50mm로 했을 때, 조리하는 사람의 나이가 많고 적음에 따라 유의미한 차이가 있는지 살펴봅니다. 초보자라면 일단 데이터를 히스토그램을 그려서 극단적으로 분포가 다르지 않으면 '등분산으로 가정했다'고 해도 무방할 것입니다. 하지만 상자 수염 그림을 그리면 그림의 화살표 끝에 표시된 것처럼 이상값이 있어 등분산이라고 할 수 있을지 의문이 생깁니다. 하지만 일단 이대로 분석해 보겠습니다.

엑셀 함수 입력에 대한 복습을 겸하여, 여기서는 조금 더 자세히 입력 작업을 설명하겠습니다.

> 시트에는 t검정 수식과 상자 수염 그림이 아닌 데이터 부분만 있는 것에 주의한다.
> I3 셀에 먼저 등호 기호를 입력하고 = T.TEST(20-30대 데이터의 셀 범위를 입력한다.
> = T.TEST(까지 입력한 후, 데이터의 F4:F26 범위를 마우스 왼쪽 버튼으로 드래그하여 일련의 셀 범위로 지정한다.
> 그 다음 쉼표 기호를 입력하고, 40-50대의 셀 범위를 지정한다.
> 위의 예시에서는 = T.TEST(F4:F26,G4:G26이라고 입력하게 된다.
> 그 다음 ,2,2)라고 입력한다.

이 T.TEST 함수에서는 =T.TEST(20-30대 데이터, 40-50대 데이터, 꼬리, 검정 종류)로 사용하는데, 이 꼬리 부분은 단측 검정인지 양측 검정인지의 차이를 나타냅니다. 단측 검정이란 항상 크다, 작다라고 명확하게 알 수 있을 때 사용하지만, 실제로는 잘 사용하지 않습니다. 다이어트를 예로 들면, 다이어트로 체중이 줄어들 수도 있지만, 요요 현상으로 인해 체중이 늘어날 수도 있습니다. 여기서는 양측 검정을 지정하는 '2'의 값을 T.TEST 함수 안의 꼬리 부분에 지정합니다. '검정 종류'는 대응이 없는 t검정으로 '2'를 지정합니다.

검정 결과 $p = 0.204$로 $p = 0.05$의 유의수준 이상이며, H0: 두 평균 표본의 표본평균이 같다는 귀무가설을 기각할 수 없습니다. 하지만 상자 수염 그림에서 알 수 있듯이 20-30대에 상당히 작은 값이 들어가 있습니다. 그래서 데이터에 수정을 가합니다.

> 20-30대 데이터의 '24' 값을 삭제한다.
> 다른 부분의 셀 입력은 그대로 둔다.
> 값을 갱신한다.

이 '24' 값을 제외하고 다시 t검정을 하면 다음과 같은 결과가 나오며, 역시 평균값에 유의미한 차이가 없는 것으로 나타났습니다. 하지만 상자 수염 그림을 자세히 보면 두 데이터 분포의 상자 세로 길이, 즉 25% 값부터 75% 값까지의 길이(사분위수 범위라고도 함)가 다릅니다, 즉 데이터의 분포가 상당히 다르다, 다시 말하면 분산이 다르다는 것을 알 수 있습니다. 이 점에 대해서는 다음 F검정에서 검토합니다.

● 이상값을 제외한 경우의 검정

	E	F	G	H	I	J	K	L	M	N	O
3		20-30대	40-50대								
4		52	46	p=	0.369						
5		39	30		=T.TEST(F4:F26,G4:G26,2,2)						
6		38	50		=T.TEST(20-30대 데이터,40-50대 데이터,꼬리,검정 종류)						
7		50	48								
8		43	58		꼬리		1	단측 분포			
9			52				2	양측 분포			
10		55	53								
11		46	48		검정 종류		1	대응 표본 t검정			
12		41	41				2	등분산 2표본을 대상으로 하는 t검정			
13		45	51				3	이분산 2표본을 대상으로 하는 t검정			
14		49	49								
15		49	38								
16		47	44								
17		51	49								
18		44	52								
19		45	48								
20		48	62								
21		43	53								
22		41	44								
23		49	42								
24		39	43								
25		43	50								
26		46	35								

6.4 튀김 길이의 산포도 분석은 F검정으로

이번에 다루는 데이터는 극히 작은 값을 가지고 있습니다. 그래서 데이터의 산포도, 즉 분산이 균등한지 여부를 검토합니다. 이를 위해 분산비 검정인 F검정을 사용합니다.

t검정을 할 때 평균값에만 주목하면 되는 것일까요? 튀김의 무게에 주목한다면, 먹는 튀김 무게의 평균값에 유의미한 차이가 없으니, 뭐 그런가 보다, 먹는 양은 거의 비슷하겠지라고 납득할 수도 있습니다. 하지만 식당에서 음식을 제공하는 경우, 재료의 길이의 산포도(분산)는 음식의 외형적인 측면에서도 중요합니다. 그래서 분산에 차이가 있는지 F검정을 통해 알아보겠습니다. 사실 분산비의 분포는 표본의 수에 따라 달라집니다. 따라서 분산의 비를 구할 때 두 데이터의 분산비가 같으면 대부분 비슷하다에 가깝게 되지만, 간혹 서로 1에서 벗어난 값을 취하기도 합니다. 이러한 성질을 이용하여 분산비를 검토합니다.

● 길이의 산포도를 검토한다

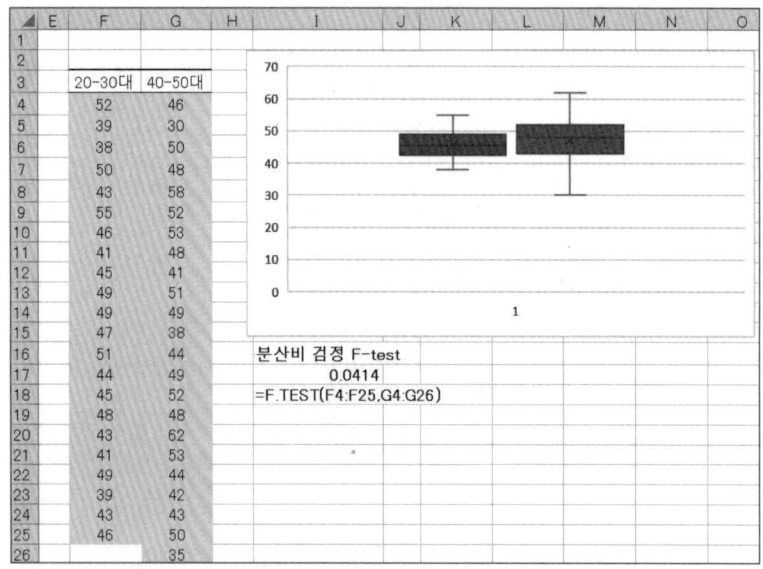

먼저 파일을 열기 바랍니다.

》》 시트는 이미 *t*검정에 사용한 시트이므로, 20-30대 중 24의 값을 삭제하고, 그 아래에 있는 데이터를 위쪽 셀에 붙여넣는다.
》》 J17 셀에 =F.TEST(20-30대 셀 범위, 40-50대 셀 범위)를 입력한다.
》》 셀 범위 지정은 이미 설명한 것처럼 마우스 왼쪽 클릭으로 셀 범위를 드래그하여 지정한다.

그 결과, 그림에 표시된 데이터에서는 p = 0.0414로 0.05보다 작은 값이 나왔습니다. 즉, 이 2그룹의 데이터는 분산비가 등분산이라고 할 수 없다는 의미입니다. 이 경우 상자 수염 그림을 보면 왼쪽의 20-30대 그룹이 위 아래 높이가 더 작은, 즉 분산이 더 작다는 것을 알 수 있습니다. 요리로 말하면, 20-30대가 정해진 길이에 더 가깝게 자를 수 있는 것입니다.

6.5 산포도가 다른 데이터의 분석은 이분산 2표본을 대상으로 하는 *t*검정으로

위의 튀김 길이의 검정 결과가 0.05 이하로 유의미한 차이가 있다는 것은 두 데이터가 등분산이라고 볼 수 없다는 것을 의미합니다. 따라서 T.TEST 함수의 검정 종류에서 설명한 3번째, 즉 '이분산 2표본을 대상으로 하는 *t*검정'을 지정하여 값을 구합니다. '이분산 2표본을 대상으로 하는 *t*검정'에서는 데이터가 등분산이라고 가정할 수 없으므로 세밀한 조정을 통해 결과를 도출합니다.

● 길이의 분포가 이분산인 경우의 검토

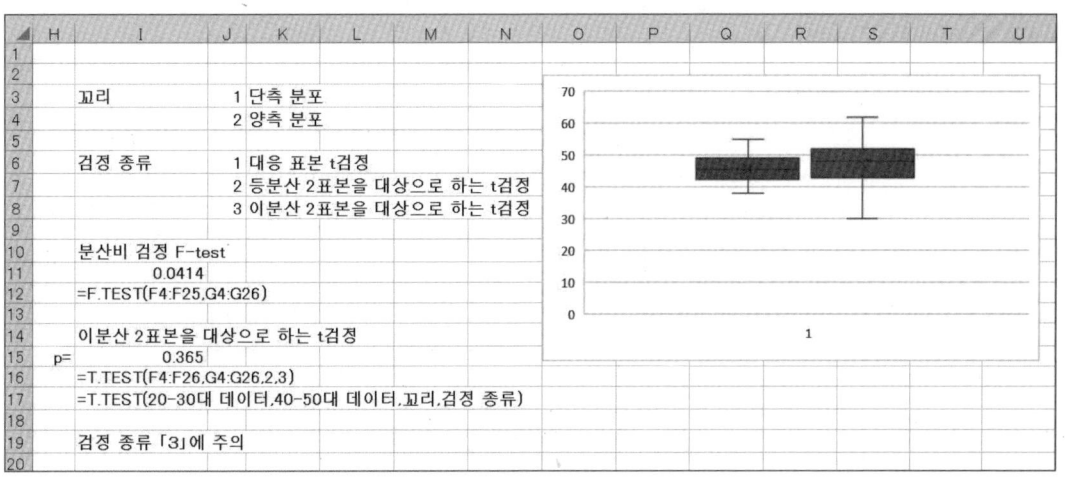

*F*검정에서 사용한 파일을 다시 엽니다.

≫ F.TEST 함수를 입력한 셀 하단에 T.TEST 함수를 다시 입력한다.
≫ 데이터의 셀 범위를 염두에 두고 =T.TEST(20~30대 셀 범위, 40~50대 셀 범위, 2, 3)이라고 입력한다.

그 결과, 등분산을 가정한 *t*검정의 *p*값이 *p*=0.369인 반면, 이분산의 경우 *p*=0.365로 조금 더 줄어들었지만, *p* < 0.05로 유의하다고 할 수 없습니다. 어쨌든 엉뚱한 데이터로 결과를 내서 낭패를 보는 일이 없도록 주의해야 합니다. 그러기 위해서는 히스토그램, 상자 수염 그림 등을 통해 비정상적인 데이터가 없는지 항상 체크하는 것이 중요합니다.

6.6 같은 사람에게서 두 번 받은 데이터의 분석은 대응 표본 t검정

튀김이라면 크기나 길이가 달라도 먹으면 되지 않겠느냐는 생각도 있습니다. 하지만 식당의 책임자로서 일정한 규격에 맞는 음식을 제공할 필요가 있습니다. 날마다 크기나 길이를 다르게 제공하면 보기에도 좋지 않고, 클레임이 들어올 가능성도 있습니다.

한편으로는 튀김이니까 계량해서 팔면 되지 않겠느냐는 생각도 있습니다. 반찬가게라면 그럴 수도 있겠지만, 많은 학생들에게 튀김 메뉴를 제공하는 경우 매번 무게를 잴 수는 없습니다. 역시 정해진 규격의 튀김을 정해진 개수로 제공하는 것이 편리합니다. 그러기 위해서는 조리하는 사람이 정해진 규격대로 조리할 수 있도록 훈련시켜야 합니다.

지난번 분석 결과, 고기 길이에 극단적으로 작은 값이 있다는 것을 알 수 있었습니다. 그래서 고기의 길이는 물론이고, 주방장이 고기를 자르는 방법을 종업원들에게 지도하면 자르는 방식이 달라지는가 하는 문제를 다룹니다. 즉, 같은 사람으로부터 두 번 데이터를 구해 비교하는 '대응 표본 t검정'을 학습합니다. 여기서는 치킨을 자르는 방법을 주방장이 직원에게 가르치기 전과 후를 비교하여, 같은 사람이 조리하는 고기의 길이가 고르게 되는지의 문제를 다룹니다.

조사 절차는 닭고기 자르는 법을 배우기 전과 후에 두 번 데이터를 측정합니다. 구체적으로 다음과 같이 측정합니다.

>>> 배우기 전 시점에서 각자가 자른 고기의 길이를 한 번 측정한다.
>>> 주방장이 닭고기 자르는 방식을 72명에게 친절하게 설명한다.
>>> 배우고 난 후, 다시 한 번 고기를 자른 길이를 측정한다.

[단계 1] 대응 표본 t검정의 실제

같은 사람이 두 번 측정한 데이터는 '대응 표본 t검정'을 사용하여 T.TEST 함수로 검정을 합니다. 지금까지와 다른 점은 T.TEST 함수의 마지막 숫자, 즉 '검정 종류'를 나타내는 값을 2가 아닌 1로 하는 것뿐입니다. 먼저 파일을 엽니다. 여기서는 첫 번째 값의 오른쪽에 두 번째 값을 나란히 배치하도록 하였습니다.

● 대응 표본 *t*검정의 최초 데이터

	A	B	C	D	E	F
1						
2		ID	연령	자르는 방법에 관해서		
3				설명 전	설명 후	
4		1	40	4.1	4.2	
5		2	20	3.8	3.8	
6		3	30	3.1	7.9	
7		4	50	5.2	5.2	
8		5	40	1.9	5.1	
9		6	30	2.9	7.9	
10		7	40	2.9	5.2	
11		8	30	3.8	6	
12		9	20	6.2	8	
13		10	30	4	4.8	
14		11	30	2.9	3.8	
71		68	40	2.8	4.2	
72		69	30	3.9	6.1	
73		70	20	4.2	5.9	
74		71	30	2	5.9	
75		72	30	6.9	7.2	

파일을 열었을 때는 데이터 부분만 표시됩니다.

» G72 셀의 맨 앞에 등호를 입력하여 = T.TEST(설명 전의 데이터 셀 범위를 입력한다.
» 그 다음 쉼표를 입력하여 설명 후의 셀 범위를 지정한다.
» 그 다음 2,1)이라고 입력한다.
» *t*검정 처리는 여기까지이며, 데이터를 그림으로 표현하기 위해 설명 전과 설명 후의 셀을 이용하여 상자 수염 그림을 작성한다.

결과는 $p = 2.13\text{E}{-}10$이 됩니다. E-10은 10의 10제곱분의 1이므로 결과는 매우 작은 값이 됩니다. 실제로 분석한 예는 다음과 같습니다.

● 대응 표본 *t*검정

ID	연령	자르는 방법에 관해서 설명 전	설명 후
1	40	4.1	4.2
2	20	3.8	3.8
3	30	3.1	7.9
4	50	5.2	5.2
5	40	1.9	5.1
6	30	2.9	7.9
7	40	2.9	5.2
8	30	3.8	6
9	20	6.2	8
10	30	4	4.8
11	30	2.9	3.8
68	40	2.8	4.2
69	30	3.9	6.1
70	20	4.2	5.9
71	30	2	5.9
72	30	6.9	7.2

p= 2.12639E-10
=T.TEST(D4:D75,E4:E75,2,1)

E-10은 10의 10제곱분의 1을 의미   E-01=1/10   E-02=1/100

단계 2 설명 전과 설명 후의 데이터를 선으로 연결한다

검정 결과는 유의하게 다르지만, 이것만으로는 "그러니까 어때"라고 해도 아무 말도 할 수 없습니다. 하지만 상자 수염 그림을 보면 데이터 안에 극단적으로 작은 값이나 큰 값이 있는 것이 신경이 쓰입니다. 그래서 결과를 보는 사람이 이해하기 쉽도록 누가 어떻게 변화했는지를 표시합시다. 그러기 위해서는 첫 번째와 두 번째 데이터, 즉 앞뒤 데이터를 선으로 연결한 그래프를 만듭니다.

● 조사 전후 값을 선으로 연결

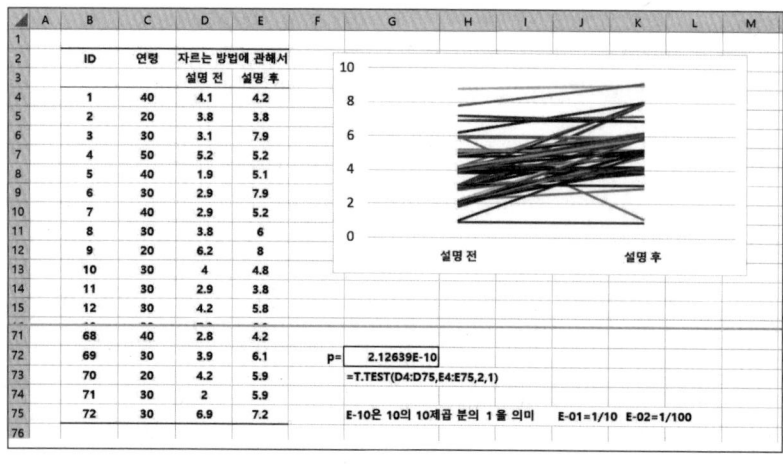

이 경우 다음과 같이 처리합니다.

>>> 설명 전과 설명 후의 데이터 영역을 드래그한다.
>>> 삽입 ⇒ 차트 ⇒ 모든 차트 ⇒ 꺾은형을 선택한다.
>>> 그래프를 마우스 오른쪽 버튼으로 클릭하고 데이터 선택 ⇒ 행/열 전환을 선택한다.
>>> 이렇게 하여 설명 전과 후의 데이터를 연결한 그래프를 작성한다.

나머지는 불필요한 범례를 삭제하고 그래프의 크기를 조정하여 완성합니다. 이렇게 하면 누가 어떻게 변화했는지를 일목요연하게 알 수 있습니다.

단계 3 **결과의 해석**

완성된 상자 수염 그림을 보면 가장 아래쪽에 변화가 없는 사람이 눈에 띕니다. 어쩌면 주방장의 닭고기 자르는 방법에 관한 강의를 진지하게 듣지 않았을 수도 있습니다. 또한, 두 번째 무게가 감소한 사람도 있습니다. 이 검정을 통해 그 원인까지는 알 수 없지만, 설명을 듣고 의욕이 떨어졌을 수도 있습니다. 대응 표본 t검정에서 유의한 차이를 도출하는 것뿐만 아니라, 데이터의 변화를 보고 그 차이가 왜 생겼는지 생각해 보면 다양한 업무 개선의 힌트를 얻을 수 있을 것입니다.

요약

식당의 데이터를 t검정을 통해 살펴보았습니다. 실제 업무 현장에서는 단순히 통계 문제를 푸는 것뿐만 아니라 실제 문제에 통계를 적용하여 업무 개선의 힌트를 얻을 수 있는지가 중요합니다. 공식을 외워서 학점만 받으면 OK라는 분들도 많겠지만, 여러분은 t검정을 어떻게 자신에게 도움이 될 수 있는지 항상 고민해 보시기 바랍니다. 그렇게 해야 다른 사람보다 한 발 앞서 나갈 수 있습니다.

- 통계학 초보자가 우선 이만큼만 알고 넘어가야 할 검정 종류를 말할 수 있다.
- 데이터의 분포를 파악하기 위해 히스토그램, 상자 수염 그림, 분할표를 사용할 수 있다.
- 등분산 2표본을 대상으로 하는 t검정, 즉 대응이 없는 t검정을 다룰 수 있다.
- 등분산 여부를 검토하는 F검정을 다룰 수 있다.
- 이분산 2표본을 대상으로 하는 t검정을 다룰 수 있다.
- 쌍을 이루는 데이터의 t검정, 즉 대응 표본 t검정을 다룰 수 있다.
- 대응되는 데이터 사이를 선으로 연결한 그래프를 작성할 수 있다.
- 검정 결과에 일희일비하지 않고 왜 그런 결과가 나왔는지를 검토하는 태도가 중요하다는 것을 이해할 수 있다.

제7장

식당 업무를 좀더 자세히 분석한다

7.1 분산분석과 회귀분석

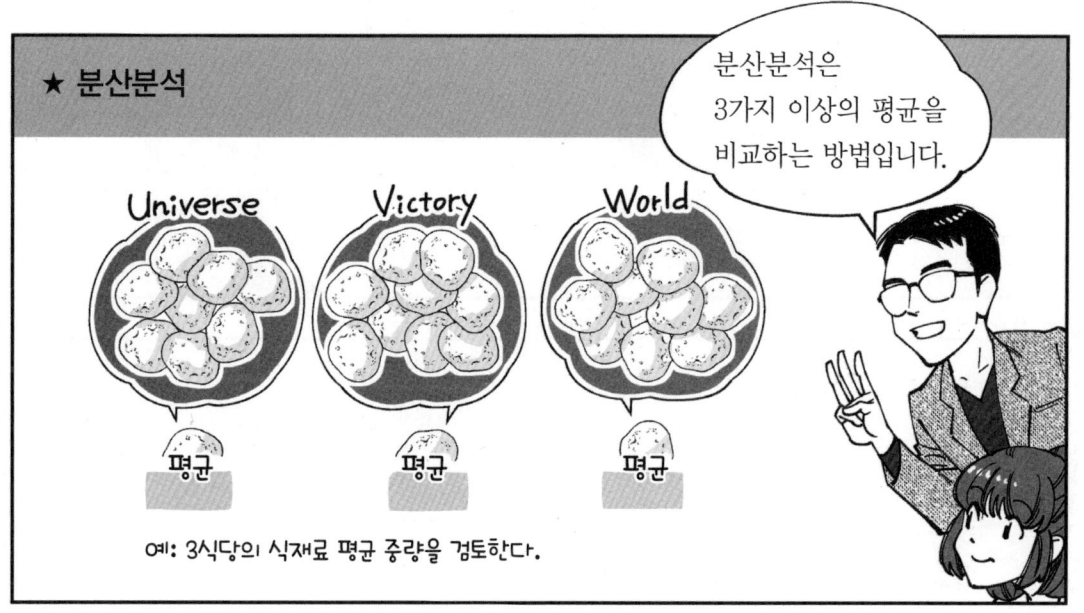

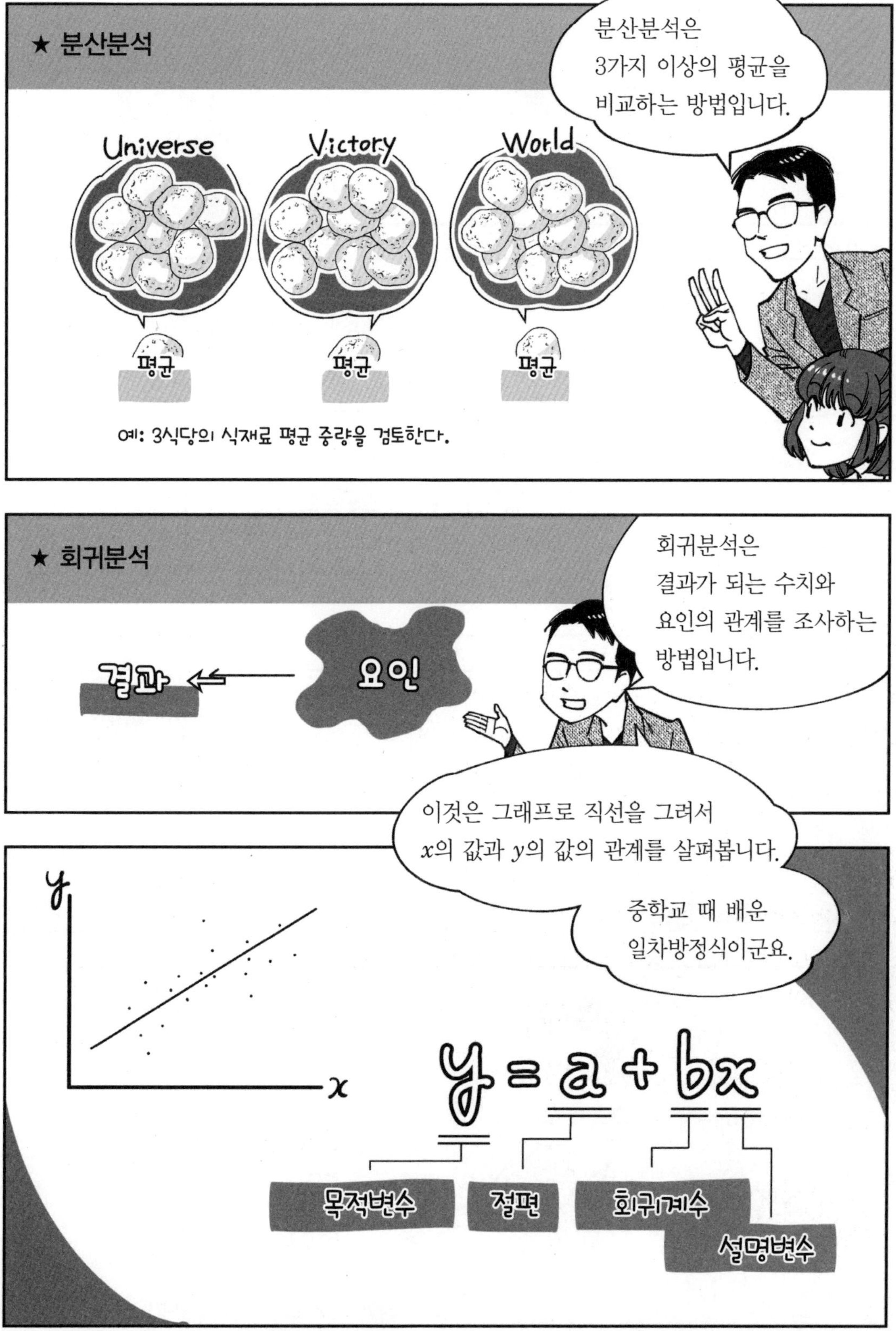

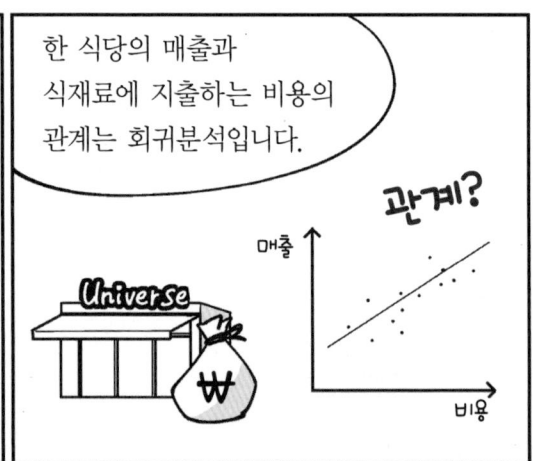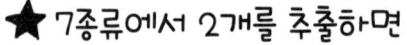

자 그럼, 식당에 오는 학생들로부터 식당에서 사용하는 토마토의 크기가 식당마다 다른 것은 아닐까라는 가정으로 이야기를 진행합니다.

분산분석은 '각 집단의 표본이 동일한 모집단에서 추출한 것이라고 말할 수 있는지 여부'를 검토합니다.

'집단에 따라 평균이 다르다'는 것은 우연에 의한 표본의 측정값 변동보다 주목하는 항목(이 경우 식당의 차이)에 의한 측정값의 변동이 더 크다는 의미입니다.

그 차이는 우연이 아닌가요? 라는 질문을 받았을 때

'우연에 의한 분산과 주목하는 항목의 유무에 따른 분산을 비교했을 때, 주목하는 항목에 따른 차이가 더 큰지 보는 것'이 분산분석이라고 할 수 있습니다.

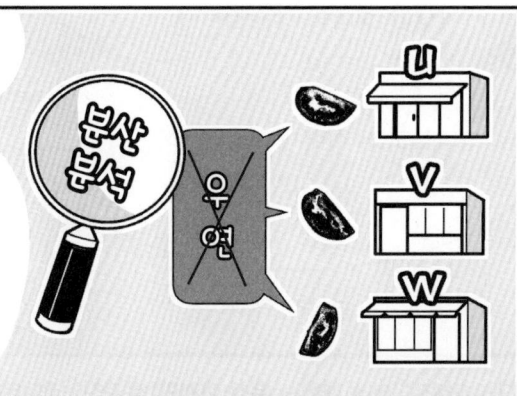

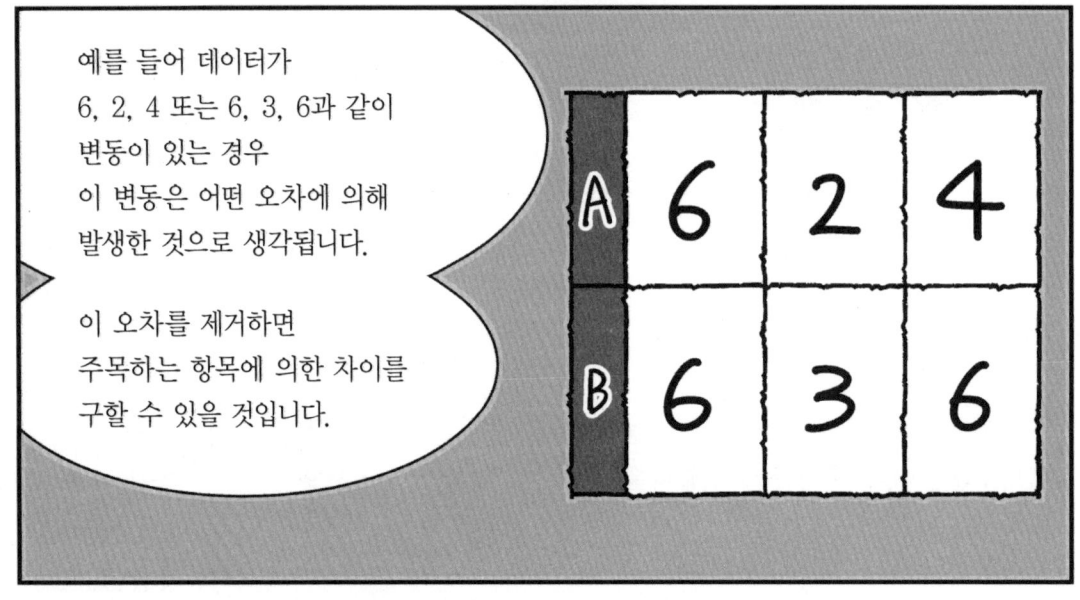

7.2 여러 그룹의 평균값 비교는 분산분석으로

지금까지 평균값의 비교로 t검정을 학습했습니다. 그러면 많은 집단에서 2집단을 뽑아 비교하고 싶을 것입니다. 하지만 이렇게 여러 개의 평균값을 비교하기 위해 t검정을 여러 번 반복해서는 안 됩니다.

왜냐하면, 총 솜씨가 서툴러도 여러 번 쏘면 맞는 것처럼, 우연히 차이가 날 수 있기 때문입니다. 이렇게 두 종류 이상의 평균값을 비교할 때는 분산분석을 사용합니다. 먼저 3종류의 데이터를 비교하는 방법을 제시하겠습니다.

자 그럼, 식당에 오는 학생들 사이에서 식당에서 사용되는, 즉 식당에서 구입하는 토마토의 크기가 식당마다 다르지 않을까 하는 이야기가 나왔다고 가정하고 이야기를 진행하겠습니다.

이 문제는 토마토의 크기 비교라기보다는 요리에 사용하는 토마토의 크기가 식당마다 다른가 하는 문제가 되므로 그 점을 검토하겠습니다.

이 대학에 U, V, W 3종류의 식당이 있다고 가정하면, 거기서 2곳의 식당을 뽑아 그 평균을 비교하는 조합은 UV, VW, UW의 조합이 됩니다. 가령 7곳의 식당이 있다고 가정하고 거기서 2곳을 추출하면 $_7C_2$로 21가지가 됩니다.

지금까지는 평균값 검정에서 유의수준으로 5%인 0.05를 생각했습니다. 하지만 가령 7종류에서 2종류를 선택하는 조합은 $_7C_2$에서 21가지가 됩니다. 그러면 하나의 조합이 선택될 확률은 $1/21 = 0.0476$이 되어 바로 유의수준인 0.05, 즉 5%를 밑돌게 됩니다. 즉, 많은 검정을 하면 한 번 정도 차이가 있다는 결과가 나오게 되는 것입니다.

따라서 이러한 여러 표본평균을 비교하기 위해서는 t검정이 아닌 분산분석이라는 방법을 사용합니다. 이것은 각 집단의 표본이 동일한 모집단에서 추출한 표본이라고 할 수 있는지를 검토합니다.

즉, 집단에 따라 평균이 다르다는 것은 우연에 의한 표본의 측정값 변동보다 주목하는 내용(예를 들면, 식당의 차이)에 의한 변동 쪽이 더 크다고 보는 것입니다.

즉, "그 차이는 우연이 아닌가요?"라고 들었을 때 "아니요, 우연에 의한 변동과 주목하는 항목의 유무에 따른 변동을 비교하면, 주목하는 항목에 따른 변동 쪽이 크다고 생각합니다."라고 반박하는 것입니다.

이번 가설은
귀무가설: 모든 평균값은 같다.
대립가설: 모든 평균값은 같지 않고, 적어도 하나의 평균값이 다르다.

라고 생각합니다. 이야기를 쉽게 설명하기 위해 U, V, W 3곳의 식당에서 제공되는 토마토의 크기를 비교해 보겠습니다.

분산분석은 여러 평균값을 비교하는 기법입니다. 원래 영국의 피셔가 농장에서 농작물 수확량을 검토하기 위해 고안한 방법입니다. 앞으로의 설명은 이해를 돕기 위해 식당에서 구입하는 토마토의 크기 차이를 토마토 품종에 따른 차이로 설명하겠습니다. 또한 실제 토마토의 크기는 30g에서 200g이라는 범위가 많은 것 같습니다만, 여기서는 예제 값으로 2, 4, 6이라는 수치를 사용했으므로 그 점은 양해해 주시기 바랍니다.

또는 이 수치는 토마토의 크기를 인치(1인치 = 25.4mm)로 표현했다고 생각해도 좋을 것입니다. 토마토를 싫어하는 분들은 자신이 좋아하는 과일의 크기로 대체하여 예제를 이해하시기 바랍니다.

이제 토마토 모종을 심었을 때 토마토 열매의 크기를 생각해 봅시다. 열매의 크기는 품종의 차이, 재배 방법(햇빛, 비료, 온도, 물)의 차이 등에 좌우됩니다. 따라서 토마토가 크다고 해도 토마토의 품종 차이인지, 토마토를 재배하는 방식의 차이에 따른 영향인지를 검토해야 합니다.

데이터가 6, 2, 4나 6, 3, 6과 같이 변동이 있는 경우, 이 변동은 어떤 오차로 인해 발생한 것이라고 생각할 수 있습니다. 따라서 그 오차를 제거하면, 정말로 U, V, W에 의한 차이, 즉 식당이 매입하는 토마토의 품종에 의한 차이(효과)가 드러날 것입니다.

여기에서 오차를 제거하고 효과를 구하기 위해서는 다음과 같이 생각하면 됩니다.

원래 데이터 = 전체 평균 + 식당에서 사용하는 토마토의 크기 차이
= 전체 평균 + 식당에서 사용하는 토마토의 품종에 따른 크기 차이 + 오차에 따른 차이

식당에서 사용하는 토마토의 무게에 차이가 있다고 하려면, 품종에 따른 차이가 오차에 의한 차이보다 커야 한다고 생각하는 것입니다. 그럼 예제를 바탕으로 생각해 봅시다.

7.3 품종 차이에 따른 토마토 크기

단계 1 3곳의 식당 데이터를 상자 수염 그림으로 표시한다.

먼저 U, V, W의 3식당에서 10번 측정한 토마토의 크기를 상자 수염 그림으로 그려 전체 분포를 파악합니다.

● 식당에서 사용하는 토마토의 크기 차이

	A	B	C	D	E~I	J	K	L~P
1		원래 데이터				축적된 데이터		식당명 기재
2								
3		U	V	W		식당	크기	
4		6	2	4		U	6	
5		6	3	6		U	6	
6		7	4	3		U	7	
7		6	4	3		U	6	
8		5	8	4		U	5	
9		5	7	5		U	5	
10		7	3	4		U	7	
11		7	5	3		U	7	
12		5	8	5		U	5	
13		5	5	5		U	5	
14						V	2	
15						V	3	
16						V	4	
17						V	4	
18						V	8	
31						W	3	
32						W	5	
33						W	5	

왼쪽의 데이터는 각 식당에서 10회 측정한 것입니다.

》 B3를 클릭 ⇒ Ctrl + A로 전체 데이터 선택
》 삽입 메뉴 ⇒ 차트 ⇒ 모든 차트 ⇒ 상자 수염 그림

상자 부분의 표시를 명확하게 하기 위해 상자 내부를 패턴으로 채웁니다.

>>> 하나의 상자를 마우스 오른쪽 버튼으로 클릭 ⇒ 데이터 계열 서식 설정 ⇒ 페인트 통 아이콘을 클릭
>>> 채우기 ⇒ 패턴 채우기 패턴 선택
>>> 패턴을 설정한 상자를 마우스 우클릭 ⇒ 테두리 ⇒ 실선 ⇒ 원하는 색상 설정

참고로 이전에도 한 번 설명한 바 있지만, 그림의 오른쪽과 같이 3종류의 데이터를 세로로 쌓아 올린 데이터를 만들면 식당 이름이 범례로 기재된 상자 수염 도표가 만들어져 편리합니다. 이를 위해 세로 방향으로 30개의 데이터를 연결하고 10개마다 U, V, W의 명칭을 입력합니다.

[단계 2] '데이터'에서 오차를 제거하여 효과 구하기

이제부터 분산분석의 기초를 설명합니다. 평균에 차이가 있는 것처럼 보이지만, 우연이 아닌가라는 질문에 근거를 가지고 반박할 수 있도록 '전체 평균'을 구한 후, '원래 데이터'를 '전체 평균'과 '변동 부분(평균과의 차이)'으로 분해합니다. 그림에서 '변동 부분(평균과의 차이)'이라고 적혀있는데, 어떤 의미의 오차입니다. 이것은 앞서 분산을 구할 때 생각했던 편차와 동일합니다.

● 데이터를 전체 평균과 변동 부분으로 나누기

	A	B	C	D	E	F	G	H	I	J	K	L	M
1													
2		원래 데이터				전체 평균				변동 부분 (평균과의 차이)			
3		U	V	W		U	V	W		U	V	W	
4		6	2	4		5	5	5		1	-3	-1	
5		6	3	6		5	5	5		1	-2	1	
6		7	4	3		5	5	5		2	-1	-2	
7		6	4	3		5	5	5		1	-1	-2	
8		5	8	4	=	5	5	5	+	0	3	-1	
9		5	7	5		5	5	5		0	2	0	
10		7	3	4		5	5	5		2	-2	-1	
11		7	5	3		5	5	5		2	0	-2	
12		5	8	5		5	5	5		0	3	0	
13		5	5	5		5	5	5		0	0	0	
14													

여기에서 B3:D13 영역에 원본 데이터를 준비합니다.

>>> 전체 30개의 평균을 다른 셀에서 구한다. 이 경우 30개의 평균은 5가 된다.
>>> '전체 평균' 영역(F4:H13)에 전체 평균 5를 설정한다.
>>> '원래 데이터'와 '전체 평균'의 차이를 '변동 부분(평균과의 차이)', 즉 일종의 오차로서 J4:L13에 설정한다.
>>> 이전에는 표준편차를 구할 때 편차를 구했지만(정확히는 편차제곱합) 변동 부분(평균과의 차이)은 그 '편차'에 해당한다는 점에 유의한다.

아래 설명에서는 다음과 같이 이해하기 바랍니다.

>>> 조건(식당)에 따른 변동 ⇒ 식당에서 사용하는 토마토의 품종에 따른 크기의 변동
>>> 오차에 의한 변동 ⇒ 토마토의 생육 차이 등에 의한 변동

● 변동 부분을 조건에 따른 변동과 오차로 나누기

	A	B	C	D	E	F	G	H	I	J	K	L
14												
15		변동 부분 (평균과의 차이)				조건(식당)에 따른 변동				오차에 의한 변동		
16						토마토 품종에 따른 크기와 변동						
17		U	V	W		U	V	W		U	V	W
18		1	-3	-1		0.9	-0.1	-0.8		0.1	-2.9	-0.2
19		1	-2	1		0.9	-0.1	-0.8		0.1	-1.9	1.8
20		2	-1	-2		0.9	-0.1	-0.8		1.1	-0.9	-1.2
21		1	-1	-2		0.9	-0.1	-0.8		0.1	-0.9	-1.2
22		0	3	-1	=	0.9	-0.1	-0.8	+	-0.9	3.1	-0.2
23		0	2	0		0.9	-0.1	-0.8		-0.9	2.1	0.8
24		2	-2	-1		0.9	-0.1	-0.8		1.1	-1.9	-0.2
25		2	0	-2		0.9	-0.1	-0.8		1.1	0.1	-1.2
26		0	3	0		0.9	-0.1	-0.8		-0.9	3.1	0.8
27		0	0	0		0.9	-0.1	-0.8		-0.9	0.1	0.8

일단 앞의 설명에서 구한 '변동 부분(평균과의 차이)'의 J4:L13 영역을 복사하여 B18:D27에 값만 기재한 후, 그 '변동 부분(평균과의 차이)'을 '조건(식당)에 따른 변동'과 우연히 발생한 '오차에 의한 변동'으로 분해합니다. 이 경우 조건(식당)에 따른 변동은 식당별 평균, 즉 식당에서 사용하는 토마토 품종의 크기 평균이 됩니다.

>>> 3곳의 식당별 평균, 즉 열별 평균을 별도로 구하여 '조건(식당)에 따른 변동'으로 설정한다.
>>> 실제 계산 예를 들면 U 식당의 평균 = (1+1+2+1+0+0+2+2+0+0)/10 = 0.9가 된다. 마찬가지로 V 식당, W 식당의 평균을 각각 −0.1과 −0.8로 구하는 것을 이해한다.
>>> 이것이 열별 평균, 즉 식당에서 구입하는 토마토의 품종별 크기의 평균이 된다.
>>> '변동 부분(평균과의 차이)'에서 '조건(식당)에 따른 변동'을 빼고 '오차에 의한 변동'을 구한다.

단계 3) 조건에 따른 변동과 오차에 의한 변동에서 제곱합을 구한다

 분산분석은 분산비를 F검정으로 검토하는 것이므로 분산을 구할 필요가 있습니다. 따라서 구한 '조건(식당)에 의한 변동', 즉 '토마토 품종에 따른 변동'과 '오차에 의한 변동'으로부터 각 영역의 평균 제곱(분산)을 구합니다. 아래 그림에서 조건에 따른 변동이라고 적혀 있는 것은 여러분이 차이가 있다고 주목하고 있는 부분, 즉 이번에는 식당에서 사용하는 토마토 품종에 따른 변동입니다. 여기에서 평균 제곱이라고 쓰여 있는 것은 앞에서 구한 분산입니다.

 주의: 여기에서 평균 제곱이라는 용어가 나왔습니다. 이것은 분산과 같은 것이지만, 여러 가지 사정으로 분산분석의 정확한 설명은 '평균 제곱'이라고 쓰는 경우가 많습니다. 통계학의 초보자라면 윗 세대의 사정으로 이런 표현이 나오게 되었다고 치부하고, 평균 제곱=분산이라고 생각하고 설명을 읽으시기 바랍니다.

 이 평균 제곱, 즉 분산을 구하기 위해서는 먼저 각 값을 제곱한 합인 제곱합을 구합니다. 이 제곱합을 엑셀의 셀 간 계산으로 구하는 작업은 번거롭지만 엑셀의 SUMSQ 함수로 쉽게 구할 수 있습니다. 한 가지 예를 들어, 만약 다음과 같은 값이 있다고 가정하면, 제곱합은 $1^2+(-3)^2+1^2+(-2)^2=1+9+1+4=15$가 되지만 SUMSQ 함수를 사용하면 SUMSQ(셀 범위)로 바로 15라는 값을 구할 수 있습니다. 직접 다음과 같이 입력을 하여, 함수의 동작을 확인해 보시기 바랍니다.

● SUMSQ 함수 사용법

	A	B	C	D	E	F
1						
2		U	V		=SUMSQ(B3:C4)	
3		1	-3			
4		1	-2			
5						

그럼 이제부터 평균과의 차이가 조건(식당)에 따른 변동, 즉 토마토 품종에 따른 크기의 변동이과 오차에 의한 변동으로 분해할 수 있는 것을 확인합시다.

● 제곱합을 SUMSQ 함수로 구하기

	A	B	C	D	E	F	G	H	I	J	K	L
16						토마토 품종에 따른 크기와 변동						
17		U	V	W		U	V	W		U	V	W
18		1	-3	-1		0.9	-0.1	-0.8		0.1	-2.9	-0.2
19		1	-2	1		0.9	-0.1	-0.8		0.1	-1.9	1.8
20		2	-1	-2		0.9	-0.1	-0.8		1.1	-0.9	-1.2
21		1	-1	-2		0.9	-0.1	-0.8		0.1	-0.9	-1.2
22		0	3	-1	=	0.9	-0.1	-0.8	+	-0.9	3.1	-0.2
23		0	2	0		0.9	-0.1	-0.8		-0.9	2.1	0.8
24		2	-2	-1		0.9	-0.1	-0.8		1.1	-1.9	-0.2
25		2	0	-2		0.9	-0.1	-0.8		1.1	0.1	-1.2
26		0	3	0		0.9	-0.1	-0.8		-0.9	3.1	0.8
27		0	0	0		0.9	-0.1	-0.8		-0.9	0.1	0.8
28												
29	제곱합의 합계	72	=SUMSQ(B18:D27)		제곱합	14.6	=SUMSQ(F18:H27)		제곱합	57.4	=SUMSQ(J18:L27)	
30					자유도	2	=3-1		자유도	27	=10×3-3	
31					평균 제곱	7.3			평균 제곱	2.125926		
32					분산비	3.433797909	=7.3/2.12593					
33					p값	0.046916094						

그림의 29번 행에서 SUMSQ 함수를 사용하여 3종류의 회색으로 표시된 셀 범위의 제곱합을 구합니다.

>>> 변동 부분(평균과의 차이)의 회색 부분(B18:D27)을 드래그한다.
>>> B29 셀에서 = SUMSQ(B18:D27)로 제곱합을 구한다.
>>> 마찬가지로 '조건(식당)에 따른 변동', '오차에 의한 변동' 영역의 제곱합을 F29와 J29 셀에 구한다.

[단계 4] **제곱합에서 자유도를 고려하여 평균 제곱을 구한다**

'조건(식당)에 따른 변동'(토마토 품종에 따른 변동)의 제곱합은 군간 변동이라고도 하며, 이 값은 위의 예에서 F29 셀에 있는 14.6이 됩니다.

'오차에 의한 변동'의 제곱합은 군내 변동이라고도 하며, 이 값은 J29 셀에 있는 57.4가 됩니다.

앞서 표준편차를 구할 때 평균과 측정값의 차이, 즉 '편차'를 제곱하여 합산한 것을 기억하기 바랍니다. 이번 제곱합을 구하는 작업도 이와 같은 생각입니다. 이 제곱합을 자유도로 나눈 값이 평균 제곱, 즉 분산이 됩니다.

만약 정말 식당의 차이, 즉 식당에서 사용하는 토마토의 품종에 따라 변화가 있다면 '조건(식당)에 따른 변동'이 우연히 발생하는 '오차에 의한 변동'보다 더 커야 합니다. 즉 귀무가설(모든 평균값이 같다)을 기각하기 위해서는 우연이 아니라 정말 차이가 있다고 말해야 합니다.

하지만 데이터 개수가 많아지면 당연히 제곱합은 커지게 되고, 집단의 수(이 경우는 식당의 수)가 많아져도 제곱합이 커지게 됩니다. 따라서 자유도를 고려하여 분석을 진행하게 됩니다.

자유도라고 하면, 두 개의 평균값을 검정하는 t검정에서는 (한쪽 표본의 수 − 1)+(다른 쪽 표본 수 − 1)이므로, (전체 표본 수 − 2)가 됩니다. 이 책에서 앞으로 다룰 카이제곱 검정 중 독립성 검정에서는 자유도를 '(행의 수 − 1)×(열의 수 − 1)로 정의합니다.

사실 자유도는 모두 '주목하고 있는 데이터의 수 − 제한 조건'이라고 생각하면 모두 같은 것이 됩니다. 이 관계에서 평균 제곱(분산)을 구할 때, '조건에 따른 변동'과 '오차에 의한 변동'으로는 자유도를 구하는 방법이 달라집니다.

이번 경우는 '조건에 따른 변동'이라는 것은 다른 토마토를 사용하는 U, V, W의 3식당이므로 그룹 수는 3, 여기에서 제한 조건인 전체 평균 수의 1을 빼기 때문에 자유도는 3−1=2가 됩니다.

'오차에 의한 변동'은 전체 표본수−제한 조건의 수(이 경우는 식당의 수)가 되므로 30−3=27이 됩니다. 이러한 자유도를 바탕으로 군간 평균 제곱(분산), 군내 평균 제곱(분산)을 구합니다.

단계 5) 전체 결과 정리하기

위에서 구한 자유도를 이용하여 전체를 정리하면 다음과 같습니다.

'조건(식당)에 따른 변동'의 경우
- 제곱합(군간 변동) 14.6
- 요소의 수 3
- 사용한 제한 조건(평균)의 수 1
- 자유도 3 − 1 = 2
- 군간 평균 제곱(분산) 14.6 / 2 = 7.3

'오차에 의한 변동'의 경우
- 제곱합(군내 변동) 57.4
- 요소의 수 30
- 사용한 제한 조건(식당 수)의 수 3
- 자유도 30 − 3 = 27
- 군내 평균 제곱(분산) 57.4 / 27 = 2.12594

● 변동 분해하기

	A	B	C	D	E	F	G	H	I	J	K	L	M
15		변동 부분 (평균과의 차이)				조건(식당)에 따른 변동				오차에 의한 변동			
16						토마토 품종에 따른 크기와 변동							
17		U	V	W		U	V	W		U	V	W	
18		1	-3	-1		0.9	-0.1	-0.8		0.1	-2.9	-0.2	
19		1	-2	1		0.9	-0.1	-0.8		0.1	-1.9	1.8	
20		2	-1	-2		0.9	-0.1	-0.8		1.1	-0.9	-1.2	
21		1	-1	-2		0.9	-0.1	-0.8		0.1	-0.9	-1.2	
22		0	3	-1	=	0.9	-0.1	-0.8	+	-0.9	3.1	-0.2	
23		0	2	0		0.9	-0.1	-0.8		-0.9	2.1	0.8	
24		2	-2	-1		0.9	-0.1	-0.8		1.1	-1.9	-0.2	
25		2	0	-2		0.9	-0.1	-0.8		1.1	0.1	-1.2	
26		0	3	0		0.9	-0.1	-0.8		-0.9	3.1	0.8	
27		0	0	0		0.9	-0.1	-0.8		-0.9	0.1	0.8	
28													
29	제곱합의 합계	72	=SUMSQ(B18:D27)		제곱합	14.6	=SUMSQ(F18:H27)		제곱합	57.4	=SUMSQ(J18:L27)		
30					자유도	2	=3-1		자유도	27	=10×3-3		
31					평균 제곱	7.3			평균 제곱	2.125926			
32					분산비	3.433797909	=7.3/2.12593						
33					p값	0.046916094							
34													

평균 제곱이 분산이라는 점을 염두에 두고 분산비를 구하여 F검정을 실시합니다. 만약 정말 전체에 변동이 있다면 '조건(식당)에 따른 변동', 즉 식당에서 구입하는 토마토의 품종에 따른 변동 쪽이 우연히 발생하는 '오차에 의한 변동'보다 커야 합니다. 그래서 양자의 분산비를 구합니다. 분산비는 이미 6.5장에서 설명한 F분포라고 하는 분포가 되어, 자유도가 2와 27로 분산비(F값)가 7.3/2.12593 = 3.4338인 경우의 p값은 0.046916094가 됩니다. 또한 이 부분을 이해하려면 이전의 F검정 부분을 다시 한 번 살펴보시기 바랍니다.

위 그림의 32번 행을 보기 바랍니다. 이곳에서 분산분석에서 중요한 분산비를 구하고 있습니다.

》 F32 셀에 분산비를 구한다.
》 F.DIST.RT 함수를 사용하여, 구한 분산비와 두 개의 자유도를 사용하여 F검정을 실시한다.
》 이를 위해 F.DIST.RT(분산비, 조건에 따른 변동의 자유도, 오차에 의한 변동의 자유도)를 입력한다.
》 위의 점을 고려하여 F33 셀에 = F.DIST.RT(F32,F30,J30)라고 입력한다.
》 p값으로 0.0469를 구한다.

p값을 유의수준으로 미리 정해놓은 0.05, 0.01 등의 값과 비교합니다. 이 경우 $p \approx 0.0469$이므로 유의수준 0.05에서 귀무가설을 기각할 수 있습니다. 즉, 모든 평균값이 같지 않고, 적어도 하나의 평균값이 다르다고 말할 수 있습니다.

이러한 작업은 일반적으로 분산분석표라는 형식으로 표현합니다. 또한 '집단간'·'집단내' 대신 '군간'·'군내', 그리고 '평균 제곱'을 '분산'이라고 표현하기도 합니다.

● 분산분석표의 표현 예

요인	제곱합	자유도	평균 제곱(분산)	분산비
집단간 식당에 따른 변동	14.6	2	7.3	3.4338
집단내 우연의 영향	57.4	27	2.12593	
전체	72	29		

단계 6) 평균값의 다중 비교에 주의

그런데 평균값이 같지 않다는 것은 알았지만, 어디와 어디가 다른지는 알 수 없습니다. 사실 이를 알기 위한 비교는 다중 비교라고 하는 매우 난해한 문제입니다. 하지만 난해한 문제를 다루는 것과는 별개로, 다중 비교를 가장 쉽게 다룰 수 있는 방법인 본페로니 방법을 소개하겠습니다.

이것은 표본의 조합 수로 나눈 값으로 유의수준을 낮추는 방법으로 이를 본페로니법(Bonferroni 법)이라고 부릅니다. 예를 들어, 표본의 수를 2에서 8까지 늘리면 본페로니 방법으로 유의수준은 5%가 아닌 0.179%까지 낮아집니다. 방법은 간단하지만 집단의 수가 많아지면 개별 검정의 유의수준이 급격히 낮아져 유의한 차가 나오기 어려워지는 단점이 있습니다.

	대상이 되는 집단의 수						
	2	3	4	5	6	7	8
n개에서 2개를 취하는 조합	1	3	6	10	15	21	28
유의수준(%)	5	1.667	0.833	0.5	0.333	0.238	0.179

지금까지 예제로 살펴본 두각 종류의 데이터로 t검정을 실시하여 본페로니 방법으로 유의수준을 조정한 결과, V-W, V-W 사이에는 유의한 차이가 없으나 U-W 쌍에서는 유의수준을 $0.05 / 3 = 0.016$으로 하여 유의한 차이가 있었습니다.

● 본페로니 방법의 분석 결과

U	V	W		0.05/3=0.016
6	2	4		
6	3	6		
7	4	3	U-V	0.1869
6	4	3		
5	8	4		
5	7	5	V-W	0.3624
7	3	4		
7	5	3		
5	8	5	U-W	0.0009
5	5	5		

[단계 7] **직접 데이터를 생성하여 분산분석의 원리를 이해한다.**

이제부터 앞에서 설명한 분산분석의 설명 시트를 개선하여 직접 3종류의 평균과 표준편차를 지정하여 데이터를 생성하고 분산분석을 경험하고 이해합니다. 참고로 이 분산분석표의 표현은 뒤에 설명하는 엑셀의 분석 도구의 표현에 맞춰서 작성하였습니다. 따라서 위의 분산분석표의 표현과 조금 다르게 표현되어 있습니다.

● 3종류의 데이터를 생성하여 분산분석 경험하기

	A	B	C	D	E	F	G	H	I	J	K	L
1												
2		평균	표준편차			분산분석표			표현은 통계 도구의 표현에 일치시킨다			
3	U	6	1			변동 요인 (요인)	변동 (제곱합)	자유도	분산 (평균 제곱)	분산비	P-값	
4	V	5	1			집단 간 (군간)	55.60	2	27.80	27.33	0.00	
5	W	4	1			집단 내 (군내)	27.47	27	1.02			
6												
7												
8		원래 데이터				전체 평균				변동 부분 (평균과의 차이)		
9		U	V	W		U	V	W		U	V	W
10		6.19	3.97	5.36		4.85	4.85	4.85		1.34	-0.88	0.52
11		6.82	5.61	3.65		4.85	4.85	4.85		1.97	0.77	-1.19
12		6.05	5.74	3.87		4.85	4.85	4.85		1.21	0.90	-0.98
13		5.19	5.36	2.09		4.85	4.85	4.85		0.34	0.51	-2.76
14		5.85	5.17	3.32	=	4.85	4.85	4.85	+	1.00	0.32	-1.53
15		6.50	4.67	3.03		4.85	4.85	4.85		1.66	-0.18	-1.82
16		7.93	3.43	0.85		4.85	4.85	4.85		3.09	-1.41	-3.99
17		6.85	5.01	2.70		4.85	4.85	4.85		2.00	0.17	-2.15
18		5.41	4.53	3.15		4.85	4.85	4.85		0.56	-0.31	-1.70
19		7.26	6.95	2.87		4.85	4.85	4.85		2.41	2.10	-1.98

≫ B3:C5에 걸쳐 분석을 수행할 세 가지 유형의 데이터를 생성하여 평균과 표준편차를 입력한다.

≫ 오른쪽의 상자 수염 그림의 분포를 관찰한다.

≫ 평균과 표준편차를 바꾸면 분산분석 결과가 어떻게 달라지는지 살펴본다. 특히 제곱합, 분산비, p값의 변화를 살펴본다.

≫ 표준편차를 크게 하면 상자 수염 그림이 어떻게 되는지 재확인한다.

여기서 중요한 것은 평균과 표준편차를 어떻게 설정하면 p값에 유의미한 차이가 생기는지 여부입니다. 단순히 F9 또는 Shift + F9로 데이터를 재생성하고 '그래프가 움직였다'라고 기뻐하는 것은 아무런 지식으로 남지 않습니다. 같은 표준편차라도 평균과 표준편차를 어느 정도로 설정하면 유의한 차이가 없어지는지 직접 분산분석을 경험하기 바랍니다.

단계 8 엑셀의 통계 도구를 이용한 분산분석

지금까지 분산분석의 원리를 설명해 왔지만, 엑셀의 '데이터 분석' 기능을 이용하면 각종 분석을 쉽게 할 수 있습니다. 참고로 엑셀의 버전에 따라 통계 도구의 설정 방법이 다를 수 있으므로 '데이터 분석 엑셀 통계 도구 설정' 등의 키워드로 인터넷에서 통계 도구의 설정 방법을 검색하여 실행해 보시기 바랍니다.

이 책에서 사용한 엑셀의 '통계 도구' 작업은 다음과 같습니다.

≫ 대상이 되는 데이터 영역을 드래그하여 선택한다.
≫ '데이터' 메뉴 ⇒ 분석 ⇒ 데이터 분석 ⇒ 분석 도구 ⇒ 분산 분석: 일원배치법

● 분석 도구 이용

원래 데이터			
U	V	W	
6	2	4	
6	3	6	
7	4	3	
6	4	3	
5	8	4	
5	7	5	
7	3	4	
7	5	3	
5	8	5	
5	5	5	

중간에 화면의 지시에 따라 변수명 레이블을 사용할지, 어떤 셀에 출력을 붙여넣을지 등을 지정하면 다음과 같은 결과를 바로 얻을 수 있습니다.

● 일원배치 결과

분산 분석: 일원 배치법

요약표

인자의 수준	관측수	합	평균	분산
U	10	59	5.9	0.766666667
V	10	49	4.9	4.544444444
W	10	42	4.2	1.066666667

분산 분석

변동의 요인	제곱합	자유도	제곱 평균	F 비	P-값	F 기각치
처리	14.6	2	7.3	3.433797909	0.0469161	3.3541308
잔차	57.4	27	2.125925926			

참고로 이번 예에서는 '식당'이라는 하나의 요인을 비교했지만, 분산분석에는 두 가지 요인에 의한 비교, 또는 동일 인물을 반복적으로 고려한 비교 등 다양한 변형이 있습니다. 이러한 것들은 이 책에서는 다루지 않으므로 통계학 전문 서적에서 찾아보시기 바랍니다.

7.4 매출 예측은 회귀분석으로

데이터 분석을 하다 보면, 연속 척도 변수들 간의 관계를 알고 싶을 때가 있습니다. 예를 들어, 제조업이라면 재료의 종류·수량과 제품의 생산 수량과 생산량의 관계, 판매업이라면 고객 수와 매출 예측을 하고 싶을 때가 있습니다. 이렇게 두 개의 연속 척도 간의 관계를 살펴보기 위해 회귀분석을 사용합니다.

회귀분석 중 한 변수로부터 또 하나의 변수만을 예측하는 것을 '단순회귀분석', 여러 변수를 이용하여 예측하는 것을 '다중회귀분석'이라고 합니다. 이 책에서는 '단순회귀분석'에 대해서만 다룰 것입니다.

그런데 단순회귀분석의 수식인 단순회귀식은 다음과 같이 표현됩니다.

$y = a + bx$ y: 목적 변수 x: 설명 변수
　　　　　　　a: 절편　　　　b: 회귀 계수

중학교 때 배우는 일차함수의 공식으로는 보통 $y=ax+b$로 표현하지만, 회귀식에서는 a와 b의 위치를 반대로 한 $y=a+bx$를 사용하는 경우가 많습니다.

실제 분석에서는 각 데이터로 산점도를 작성하고, 그 위에 X축의 값으로부터 Y축의 값을 예측하는 회귀 직선을 그려서 양자의 관계를 검토합니다. 여기에서는 식당에 오는 손님 수로부터 매출액을 예측하는 경우를 예로 들어, 이 단순회귀분석에 대해 설명합니다.

[단계 1] 먼저 산점도를 작성해 보자

연습용 데이터로 106일 분량의 고객 수와 매출 데이터를 준비했습니다. 그 중 일부를 다음과 같이 정리했습니다. 식당 주방장 입장에서는 영업 시간 동안 그 시간까지 방문한 고객 수로 어느 정도 매출을 예측할 수 있다면 편리할 것입니다. 하지만 이대로는 단순히 숫자가 나열되어 있을 뿐 뭐가 뭔지 알 수 없습니다.

고객 수	매출액
305	146,900
333	138,950
340	140,750
283	99,550

이하 생략

먼저, 고객 수와 매출액의 관계를 그래프로 그려보겠습니다. 하루 고객 수와 매출이라는 두 개의 연속적인 척도의 관계를 보기 위해 산점도를 작성합니다. 따라서 원인으로 볼 수 있는 변수, 이 경우 고객 수를 가로축으로, 결과로 볼 수 있는 변수, 이 경우 매출액을 세로축으로 그래 프를 만듭니다. 첫째 날은 305명, 매출액은 146,900엔, 둘째 날은 333명, 138,950엔입니다. 이렇게 전체 데이터를 엑셀의 산점도로 만듭니다.

● 산점도의 작성

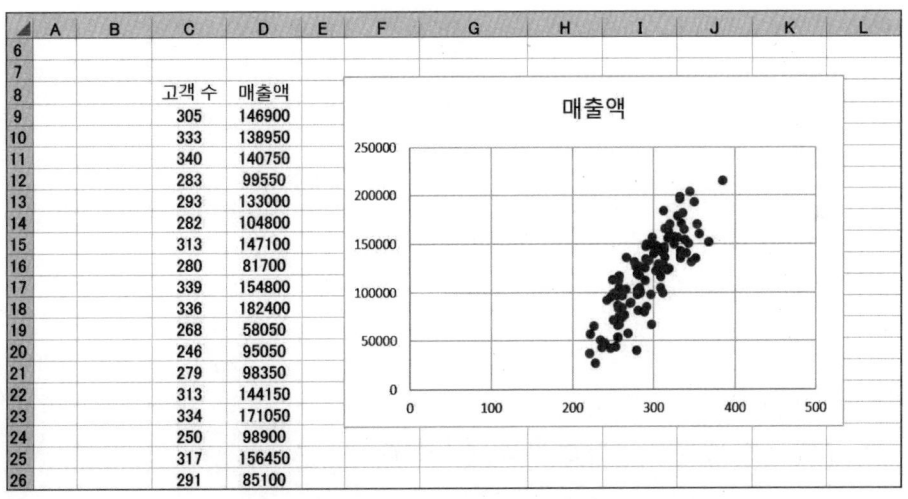

≫ 데이터 표의 왼쪽 상단에 있는 C8 셀을 클릭한다.
≫ Ctrl + A ⇒ 삽입 ⇒ 추천 차트 ⇒ 분산형 메뉴를 선택한다.

이제 가로축에 고객 수, 세로축에 매출액을 그린 산점도가 생성됩니다. 이를 보면 X축의 고객 수가 늘어날수록 Y축의 매출액이 늘어나는 것을 알 수 있습니다. 이처럼 축과 축의 관계를 명확하게 표시할 수 있는 것이 산점도의 특징입니다.

[단계 2] **산점도에 회귀식 넣기**

산점도의 각 점의 X좌표와 Y좌표의 관계는 단순회귀식으로 살펴볼 수 있습니다. 이 직선은 산점도의 어느 점으로부터도 등거리가 되도록 최소제곱법이라는 방법을 사용하여 구합니다. 단, 이 책에서는 그 최소제곱법에 대한 자세한 내용은 다루지 않습니다.

회귀식은 엑셀의 산점도 위에 쉽게 그릴 수 있습니다. 그리고 나중에 설명하는 회귀분석에 중요한 R^2 값(결정계수)도 함께 구할 수 있습니다.

● 회귀직선의 작성

	A	B	C	D	E	F	G	H	I	J	K	L
7												
8		No	고객 수	매출액								
9		1	305	146900								
10		2	333	138950								
11		3	340	140750								
12		4	283	99550								
13		5	293	133000								
14		6	282	104800								
15		7	313	147100								
16		8	280	81700								
17		9	339	154800								
18		10	336	182400								
19		11	268	58050								
20		12	246	95050								
21		13	279	98350								
22		14	313	144150								
23		15	334	171050								
24		16	250	98900								

(차트: 매출액, $y = 964.36x - 163495$, $R^2 = 0.6962$)

다시 같은 값의 파일로 작업을 합니다.

≫ 데이터 표의 왼쪽 상단의 C8 셀 클릭
≫ [Ctrl] + [A] ⇒ 삽입 ⇒ 추천 차트 ⇒ 모든 차트 ⇒ 분산형
≫ 산점도에서 마우스 오른쪽 클릭 ⇒ 추세선 추가
≫ 추세선 서식 ⇒ 추세선 옵션 ⇒ 선형 ⇒ R^2 값을 차트에 표시

위의 작업으로 회귀식이 표시됩니다.

이 그림에서는 회귀계수 b가 964.36, 절편 a가 −163495, R^2 값이 0.6962라고 표시되어 있습니다. 그림의 R^2은 결정계수이고, R 하나는 상관계수라고 합니다.

[단계 3] **선형회귀와 상관계수 구하기**

그러면, 엑셀의 산점도를 만들고 $y=a+bx$의 회귀식을 그리면 결정계수인 R^2 값 등을 구할 수 있습니다. 엑셀 사용자는 단순히 엑셀 사용법만 이해하고 상관계수, 결정계수를 구하고 '네, 이것으로 됐습니다.'라고 생각해도 될까요? 역시 t분포의 경우와 마찬가지로 단순히 엑셀의 동작을 이해하지 못한 채로 암기하는 것보다는 그 원리를 이해해 두는 것이 나중에 다른 사람에게 의존하지 않고 다양한 응용을 할 수 있어 편리합니다.

또한, 통계학을 사용하는 현장에 따라서는 분석을 담당하는 전문가가 있는 곳도 있습니다. 그런 곳에서는 평소에는 그 분에게 분석을 부탁할 수 있지만, 그 분에게 부탁할 수 없는 경우에는 스스로 중요한 데이터를 분석해야 합니다. 앞으로의 분석에서 발생할 수 있는 문제, 위험, 어려움에 대비하기 위해 통계의 기본을 스스로 이해해 둡시다.

회귀식을 다시 한 번 제시합니다.

단순회귀식 $y=ax+b$

이러한 단순회귀식에 사용되는 a와 b의 정의는 다음과 같습니다.

$$회귀계수(b) = \frac{x와\ y의\ 공분산}{x의\ 분산} = \frac{s_{xy}}{s_x^2}$$

$$절편(a) = y의\ 평균값 - 회귀계수(b) \times x의\ 평균값 = \bar{y} - \frac{s_{xy}}{s_x^2} \times \bar{x}$$

여기에서 x와 y의 공분산이라는 것이 나왔습니다. 이 설명을 하기 전에 앞서 설명한 분산에 대해 복습해 봅시다.

분산은 변동을 나타내는 양으로, 일단 x의 각 값에서 그 평균값을 뺀 편차를 구하고, 각 편차를 제곱한 값의 합을 구한 후, 마지막으로 개수로 나눈 평균이라고 정의되어 있었습니다. 표준편차는 분산의 제곱근($\sqrt{\ }$)을 구한 것입니다. 표준편차를 s로 표현했을 때, 분산은 s^2로 표현되었습니다. 이를 바탕으로 x의 분산을 s_x^2, y의 분산을 s_y^2, x의 표준편차를 s_x, y의 표준편차를 s_y라 하고, x, y 모두 n개가 있다고 가정하고 식을 다시 작성하면 다음과 같습니다.

표본 x	n_x	x의 데이터 개수	$\bar{x}$	x의 평균
	s_x	x의 표준편차	s_x^2	x의 분산

표본 y	n_y	y의 데이터 개수	$\bar{y}$	y의 평균
	s_y	y의 표준편차	s_y^2	y의 분산

x의 분산 $s_x^2 = \dfrac{1}{n}\sum_{i=1}^{n}(x_i-\bar{x})^2$

y의 분산 $s_y^2 = \dfrac{1}{n}\sum_{i=1}^{n}(y_i-\bar{y})^2$

x의 표준편차 $s_x = \sqrt{\dfrac{1}{n}\sum_{i=1}^{n}(x_i-\bar{x})^2}$

y의 표준편차 $s_y = \sqrt{\dfrac{1}{n}\sum_{i=1}^{n}(y_i-\bar{y})^2}$

위의 개념을 발전시켜 변수 x의 편차와 변수 y의 편차를 곱하여 합계하고 그 평균을 구하도록 처리를 한 것을 x와 y의 공분산으로 정의합니다.

x와 y의 공분산 $s_{xy} = \dfrac{1}{n}\sum_{i=1}^{n}(x_i-\bar{x})(y_i-\bar{y})$

여기에서 x와 y의 공분산을 s_{xy}, x의 분산 s_x^2, y의 분산 s_y^2, x의 표준편차 s_x, y의 표준편차 s_y로 식을 다시 작성하면 다음과 같으며, 이를 이용하면 상관계수와 그 제곱의 값인 결정계수를 구할 수 있습니다.

또한 상관계수를 R, 결정계수를 R^2과 같이 대문자로 표기하기도 하며, 엑셀의 그래프 속 회귀식에는 이 R^2의 결정계수가 표시되어 있습니다.

$$상관계수(r_{xy}) = \frac{x와\ y의\ 공분산}{x의\ 표준편차 \times y의\ 표준편차} = \frac{s_{xy}}{s_x s_y}$$

$$= \frac{\frac{1}{n}\sum_{i=1}^{n}(x_i-\bar{x})(y_i-\bar{y})}{\sqrt{\frac{1}{n}\sum_{i=1}^{n}(x_i-\bar{x})^2} \times \sqrt{\frac{1}{n}\sum_{i=1}^{n}(y_i-\bar{y})^2}}$$

$$결정계수 = 상관계수\ (r_{xy})^2 = \frac{s_{xy}^2}{s_x^2 s_y^2}$$

엑셀의 산점도 상의 회귀선에는 회귀계수와 절편이 자동으로 표시되었습니다. 하지만 통계에 대한 이해를 돕기 위해 원래 데이터 표에서 해당 값을 계산하여 구하는 예시를 보여드리겠습니다. 계산 과정을 그림으로 보여드리니 직접 계산해 보시기 바랍니다. 꽤 세밀한 계산이 필요하므로 여기서는 엑셀 작업은 생략하겠습니다.

● 상관계수의 계산 과정

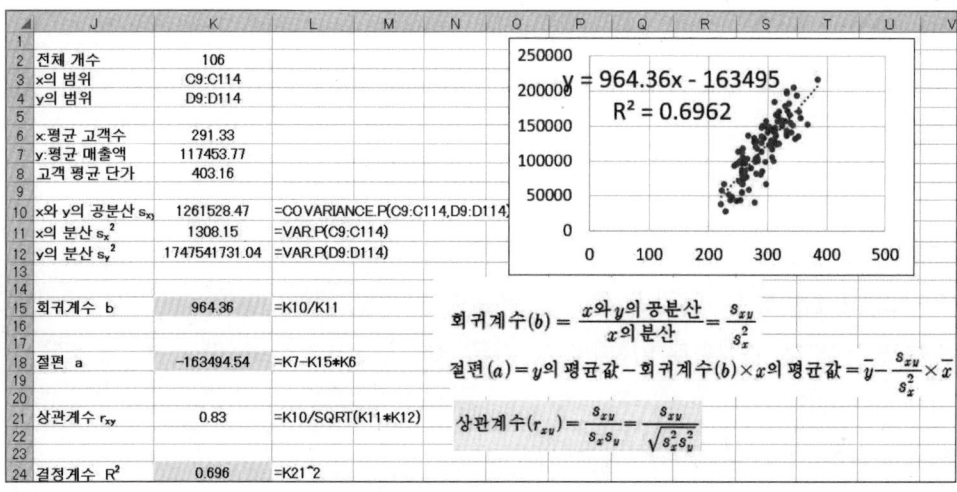

[단계 4] **상관계수를 셀 간의 계산으로 구한다**

상관계수를 엑셀의 함수로 구하는 방법을 제시했는데, 여기에서도 직접 엑셀을 이용하여 상관계수를 구하는 실습을 해 보면서 상관계수를 구하는 방법을 이해해 봅시다.

● 회귀분석을 위한 최초 데이터

	A	B	C	D	E	F	G	H
1								
2								
3								
4			고객 수	매출액				
5		평균						
6		표준편차						
7								
8		No	고객 수	매출액		x의 편차	y의 편차	x의 편차와 y의 편차 곱
9		1	305	146900				
10		2	333	138950				
11		3	340	140750				
12		4	283	99550				
13		5	293	133000				
14		6	282	104800				
15		7	313	147100				
16		8	280	81700				

여기에서는 회색으로 표시된 영역에서 작업을 합니다.

>>> C열에 고객 수, D 열에 매출액 데이터가 있으므로, AVERAGE 함수를 이용하여 C5 셀에 고객 수의 평균, D5 셀에 매출액의 평균을 구한다.

>>> C6에 고객 수의 표준편차, D6에 매출액의 표준편차를 STDEV.S 함수로 구한다.

x의 편차로 각 고객 수의 값과 평균의 차이를 구합니다. 이를 위해 C5의 고객 수 평균을 절대 참조를 사용하여 각 고객 수와의 차이(편차)를 구합니다. 여기에서는 작업을 다시 한 번 복습한다고 생각하고 셀의 작업을 자세히 설명합니다.

>>> F9 셀을 클릭 ⇒ = 기호 입력 후, C9 셀을 클릭하여 첫 번째 고객 수 참조

>>> -(음수 기호)를 입력한 후 C5의 고객 수 셀을 클릭

>>> F4 키를 눌러 C5 형식으로 입력한다. 이것은 절대 참조라고 하며, 항상 그 C5 셀을 지정한다는 의미이다.

>>> 그 결과 F9 셀에는 = C9-C5가 입력된다.

>>> 아래에서 해당 셀의 값을 클릭한 후, 셀의 오른쪽 하단을 클릭하여 + 기호가 나오는 것을 확인

>>> 그 후 더하기 기호를 표시하면서 F9 셀의 값을 아래 방향으로 드래그하여 입력한 셀의 수식을 붙여넣기 한다.

>>> 그 후 x의 편차와 y의 편차를 곱하여 'x의 편차와 y의 편차 곱'을 H열에 구한다.

소수점 이하 표시가 많아지면 화면이 복잡해지므로 소수점 첫 번째 자리까지 계산한 결과를 다음에 제시합니다.

● 원래 데이터에서 편차 등을 구하기

	A	B	C	D	E	F	G	H
1								
2								
3								
4			고객수	매출액				
5		평균	291.3	117453.8				
6		표준편차	36.3	42002.2				
7								
8		No	고객수	매출액		x의 편차	y의 편차	x의 편차와 y의 편차 곱
9		1	305	146900		13.7	29446.2	402524.4
10		2	333	138950		41.7	21496.2	895743.7
11		3	340	140750		48.7	23296.2	1133822.9
12		4	283	99550		-8.3	-17903.8	149141.8
13		5	293	133000		1.7	15546.2	25959.3
14		6	282	104800		-9.3	-12653.8	118062.1
15		7	313	147100		21.7	29646.2	642428.1
16		8	280	81700		-11.3	-35753.8	405097.0

다음으로 x의 편차제곱합, y의 편차제곱합, x의 편차와 y의 편차 곱의 합을 구합니다. 예를 들어, x의 편차제곱합은 SUMSQ 함수를 사용하여 x의 편차를 구한 범위(F9:F114)를 지정하면 구할 수 있습니다. 그 예를 F2 셀에 제시했습니다.

한편, 편차제곱합은 x의 편차를 구하지 않고도 계산할 수 있습니다. 예를 들면, 다음 그림과 같이 x 값 자체가 있는 셀 범위를 지정하면 DEVSQ 함수로 셀 범위를 지정하여 구할 수 있습니다. 예를 들면, 그림에서 x의 편차제곱합을 구하려면 F9부터 F114의 범위를 사용하여 DEVSQ 함수로 구할 수 있습니다. 그 결과를 F5 셀에 나타냈지만, 일단 편차를 구한 후 얻은 F2의 값과 동일하다는 것을 알 수 있습니다.

● 상관계수를 구하기 위한 준비

	A	B	C	D	E	F	G	H
1						x의 편차제곱합	y의 편차제곱합	의 편차와 y의 편차 곱의 합
2						138663.4434	1.85239E+11	133722017.9
3								
4			고객수	매출액		DEVSQ함수 x	DEVSQ함수 y	SUMPRODUCT함수
5		평균	291.3302	117453.8		138663.4434	1.85239E+11	133722017.9
6		표준편차	36.1683	41803.61				
7								
8		No	고객수	매출액		x의 편차	y의 편차	의 편차와 y의 편차 곱의 합
9		1	305	146900		13.7	29446.2	402524.4
10		2	333	138950		41.7	21496.2	895743.7
11		3	340	140750		48.7	23296.2	1133822.9
12		4	283	99550		-8.3	-17903.8	149141.8
13		5	293	133000		1.7	15546.2	25959.3
14		6	282	104800		-9.3	-12653.8	118062.1
15		7	313	147100		21.7	29646.2	642428.1
16		8	280	81700		-11.3	-35753.8	405097.0
17		9	339	154800		47.7	37346.2	1780287.6
18		10	336	182400		44.7	64946.2	2901135.7
19		11	268	58050		-23.3	-59403.8	1385901.2

즉, 편차제곱합을 구하는 방법은 2가지가 있습니다. 'x의 편차'를 대상으로 x의 편차제곱합을 구하려면

>>> 'x의 편차'를 구하려면 F열의 값을 사용하여 =SUMSQ(F9:F114)로 구합니다.
>>> '편차'를 구하지 않더라도 C열의 값을 사용하여 =DEVSQ(C9:C114)로 구합니다.

이것을 'y의 편차'에 대해서도 적용하여 'y의 편차제곱합'을 구합니다.

'x의 편차와 y의 편차 곱의 합'은 H열에서 구한 값을 합산하여 구하는 것이 편합니다. 또는 'x의 편차'와 'y의 편차'의 범위를 사용하여 =SUMPRODUCT(F9:F114,G9:G114)로 구할 수 있습니다.

앞에서 설명한 상관관계 계수 공식을 다시 정리하면 다음과 같습니다.

$$상관계수(r_{xy}) = \frac{x와 \ y의 \ 공분산}{x의 \ 표준편차 \times y의 \ 표준편차} = \frac{s_{xy}}{s_x s_y}$$

$$= \frac{\frac{1}{n}\sum_{i=1}^{n}(x_i-\bar{x})(y_i-\bar{y})}{\sqrt{\frac{1}{n}\sum_{i=1}^{n}(x_i-\bar{x})^2} \times \sqrt{\frac{1}{n}\sum_{i=1}^{n}(y_i-\bar{y})^2}}$$

여기에서 분자분모의 1/n 부분을 정리하면 다음과 같습니다.

$$상관계수(r_{xy}) = \frac{\sum_{i=1}^{n}(x_i-\bar{x})(y_i-\bar{y})}{\sqrt{\sum_{i=1}^{n}(x_i-\bar{x})^2} \times \sqrt{\sum_{i=1}^{n}(y_i-\bar{y})^2}}$$

방금 전 제시한 엑셀 시트 상단에 이 식의 분모인 'x의 편차제곱합', 'y의 편차제곱합'이 있습니다. 또한 이 식의 분자의 'x의 편차와 y의 편차 곱의 합'도 구할 수 있으므로 해당 값을 대입합니다.

분모에 루트를 취한 것에 주의하여 엑셀이나 계산기를 이용하여 계산하면 상관계수는 아래와 같아집니다.

$$상관계수(r_{xy}) = \frac{133722017.9}{\sqrt{1338663.4434 \times 1.85239E+11}}$$

$$= 0.834363353 ≒ 0.834$$

$$결정계수\ r_{xy}^2 = 0.834 \times 0.834 = 0.696162$$

$$결정계수 = 상관계수(r_{xy})^2 = 0.834^2 = 0.696162 ≒ 0.6962$$

이제 엑셀의 산점도에 그려진 회귀직선에 표시된 R^2 값이 얻어졌습니다. 이러한 일련의 작업을 통해 상관관계나 결정계수를 구하는 방법을 이해할 수 있으리라 생각합니다.

단계 5 상관관계에 관한 t검정

산점도에서 고객 수와 매출액의 상관관계 수는 0.83으로 양의 상관관계가 있었습니다. 이는 고객이 많아질수록 매출액이 증가하는 경향을 보인다고 해석할 수 있습니다. 다만 이것은 식당의 일정 기간 동안에 이런 경향이 있다는 이야기이고, 이 경우는 식당이 영업을 해온 기간 전체인 모집단에 대해 확실히 이런 관계가 있다고 말할 수 있다면 여러가지로 유용합니다.

사실 상관관계에 대해서도 t검정을 할 수 있습니다. 다만, 지금까지의 t검정은 평균값의 차이를 살펴봤지만, 이 t검정은 상관계수에 대해 0인지의 여부를 검토합니다.

먼저 다음과 같은 가설을 세웁니다.

귀무가설   모집단에서 상관계수 = 0이다(상관관계가 없다).
대립가설   모집단에서 상관계수는 0이 아니다(상관관계가 있다).

그리고 자세한 설명은 생략하지만, t값을 자유도 $n-2$의 t분포를 따른다고 가정하고 t검정을 실시합니다. 이 경우 t검정의 공식은 상관계수 $r=0.83$, 대상이 되는 데이터의 수 $n=106$을 이용하면 다음과 같습니다.

$$t = \frac{|r|\sqrt{n-2}}{\sqrt{1-r^2}} = \frac{|0.83|\sqrt{106-2}}{\sqrt{1-0.83^2}} = 15.44$$

이어서 p값을 구하기 위해 엑셀의 T.DIST.RT 함수를 이용하면 다음과 같이 매우 작은 값을 얻게 됩니다.

=T.DIST.RT(15.44,104) = 5.73582E-29

이 결과를 표기한다면 $p<0.0001$과 같이 표기하는 것이 좋습니다. 즉, 상관계수 = 0(상관관계가 없다)이라는 귀무가설은 $p<0.0001$로 기각되는 것입니다.

요약

- 분산분석의 의미를 이해할 수 있다.
- 데이터 중에서 변동 부분의 분해를 이해할 수 있다.
- 다중 비교의 의미를 이해할 수 있다.
- 통계 도구 중 '분산분석'을 사용할 수 있다.
- 2변수를 바탕으로 분산분석을 할 수 있다.
- 회귀계수, 상관계수, 결정계수의 의미를 이해할 수 있다.
- 상관계수를 원래 데이터에서 계산할 수 있다.
- 결정계수와 상관계수의 관계를 이해할 수 있다.

제8장

설문조사를 하는 단계가 있어요

8.1 분할표의 비밀 찾기

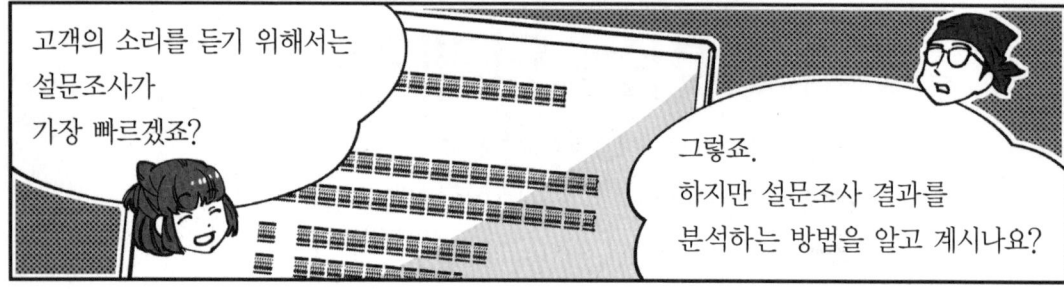

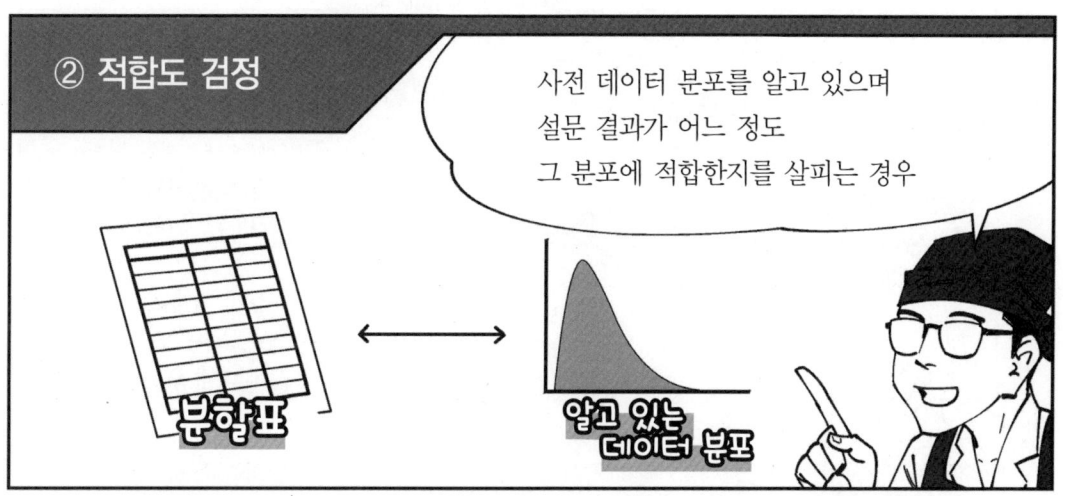

- 학년
- 성별
- 연령
- 계란말이에 첨가하는 것이 간장인가 그 외의 조미료인가
- 우동인가 메밀국수인가

"연습용으로 이러한 설문조사를 받아봤습니다."

어느 사이에

참고로 설문조사는 상당히 어려운 부분도 있기 때문에 자세한 내용은 전문서적을 통해 배우는 것을 추천합니다.

또한 설문조사를 하기 전에 적은 인원으로도 상관없으니 예비 조사를 해봅시다.

질문이 적절한가? 예상치 못한 답변이 돌아오지 않을까? 사전에 검토할 수 있습니다.

	간장 / 그 외	우동 / 메밀국수
남	간장	메밀국수
남	간장 외	메밀국수
여	간장	우동
여	간장	우동

그런데, 예비조사 결과 계란말이의 조미료는 간장파가 60%였기 때문에 그 외의 조미료를 '간장 외'라고 해서 정리하기로 했습니다.

개인별의 응답을 가로 방향으로 입력해 두었습니다.

8.2 분할표와 그래프 만들기

분할표의 검정인 카이제곱 검정은 설문조사 분석, 고객 선호도 분석 등 다양한 분야에서 사용할 수 있습니다. 지금부터라도 분할표와 그래프 작성법에 익숙해져 남들보다 한 발 앞서 나갑시다.

설문조사의 한 예로 계란말이에 첨가하는 조미료에 대한 설문조사의 예를 다음에 제시했습니다. 분할표를 만들기 위한 데이터는 첫 번째 행에 변수 명을 넣고, 한 행에 한 사람의 데이터를 쓰는 것이 기본입니다. 여기서는 그 중에서 성별, 계란말이에 첨가하는 조미료, 메밀국수와 우동 중 어느 쪽을 더 좋아하는지, 두 가지 항목만 표시합니다. 참고로 응답에 답변이 들어가지 않은 '결측값'이 있는 경우, 결측값은 원칙적으로 비워둡니다.

여기서부터 엑셀의 피벗 테이블 작업을 복습합니다.

● 식당에서의 설문조사

	A	B	C	D
1	성별	계란말이에 무엇을 첨가하나요?	우동, 메밀국수 중 어느 것을 좋아하나요?	
2	남	간장 외	메밀국수	
3	남	간장	메밀국수	
4	여	간장	우동	
5	여	간장	우동	
6	남	간장	메밀국수	
7	남	간장 외	우동	
8	남	간장	메밀국수	
9	남	간장	메밀국수	
10	남	간장	메밀국수	
139	남	간장	우동	
140	남	간장 외	우동	
141	남	간장	우동	
142	남	간장	메밀국수	
143	여	간장 외	우동	
144	남	간장 외	우동	

엑셀에서 '계란말이에 무엇을 첨가하나요?'의 항목을 피벗 테이블 기능으로 집계하는 작업 순서는 다음과 같습니다.

>>> A1 셀을 클릭 ⇒ Ctrl + A로 설문지 전체를 선택한다.
>>> 삽입 ⇒ 피벗 테이블 ⇒ 표/범위 ⇒ 새 워크시트 ⇒ [확인]
>>> 화면 우측 하단의 피벗 테이블 필드에서 성별을 행에 배치한다.
>>> 성별에 값을 입력한다.
>>> 계란말이에 무엇을 첨가하나요?를 열에 배치하여 피벗 테이블을 생성한다.

이어서 피벗 테이블의 표시를 수정합니다.

>>> 행 레이블 옆의 ▼를 클릭 ⇒ '(비어 있음)'을 체크 해제한다.
>>> 분할표 안을 클릭 ⇒ 삽입 ⇒ 차트 ⇒ 세로 막대형을 클릭한다.
>>> 100% 기준 누적 세로 막대형을 선택하여 그래프를 작성한다.

위의 작업과 마찬가지로 '우동 혹은 메밀국수 중 어느 것을 좋아하나요?'에 대해서도 피벗 테이블을 만듭니다. 이번에는 남녀별로 계란말이의 조미료가 간장인지 간장 이외인지, 메밀국수 혹은 우동 어느 것을 좋아하는지 집계했습니다. 다음 왼쪽의 그래프는 100% 기준 누적 막대 그래프라고 하는데, 전체를 100%로 봤을 때 각 요소의 비율을 보여 주고 있습니다. 오른쪽과 같은 누적 그래프는 각 요소의 개수를 나타냅니다. 상품 판매량을 비교하는 데는 누적 그래프가 편리하겠지만, 남성과 여성 선호도 비율을 비교 분석하고 싶을 때는 100% 기준 누적 막대 그래프가 편리합니다.

● 2종류의 누적 막대 그래프

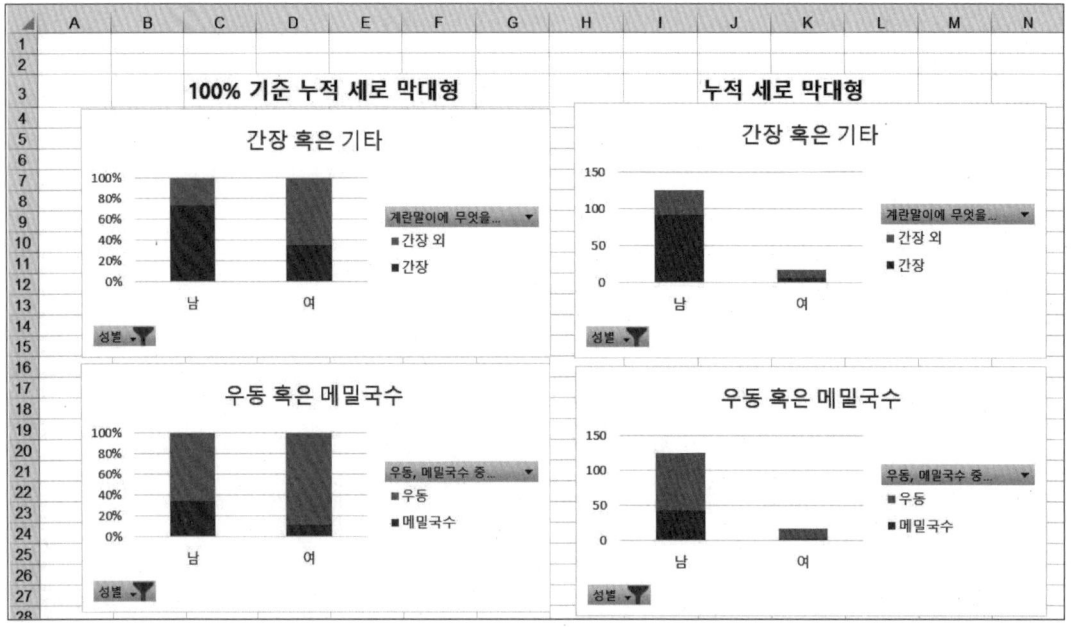

그런데 그림의 왼쪽 상단에 있는 100% 기준 누적 막대 그래프로 나타낸 '간장 혹은 기타' 그래프를 주목해 보세요. 이를 보면 남성들이 계란말이에 간장을 뿌리는 비율이 더 높다고 봐도 무방할 것 같습니다. 식당에 오는 손님은 어느 정도 단골손님도 있겠지만, 날마다 오는 손님은 다릅니다. 따라서 다른 날에 다시 설문조사를 하면 그래프의 형태가 조금 달라질 수 있습니다. 하지만 크게 다르다고 보기는 어렵습니다. 그래서 평균값 검정을 할 때 수집한 데이터의 평균값의 차이로 전체를 추측했듯이, 수집한 데이터의 분할표와 원래 있어야 할 분포의 차이를 생각하게 됩니다.

8.3 피벗 테이블에서 값만 가진 분할표 만들기

피벗 테이블로 표나 그래프를 만드는 것은 프레젠테이션 자료를 만들 때 편리합니다. 하지만 피벗 테이블을 기반으로 분석할 때는 표 부분의 작업이 어렵기 때문에 피벗 테이블에서 값만 추출하여 값만 있는 표를 만들게 됩니다. 이 방법은 나중에 설명할 카이제곱 검정을 할 때 유용하게 사용할 수 있기 때문에 다시 설문지에서 피벗 테이블을 만든 것부터 값만 있는 표를 만드는 방법을 설명하겠습니다.

● 피벗 테이블에서 값만 있는 표 만들기

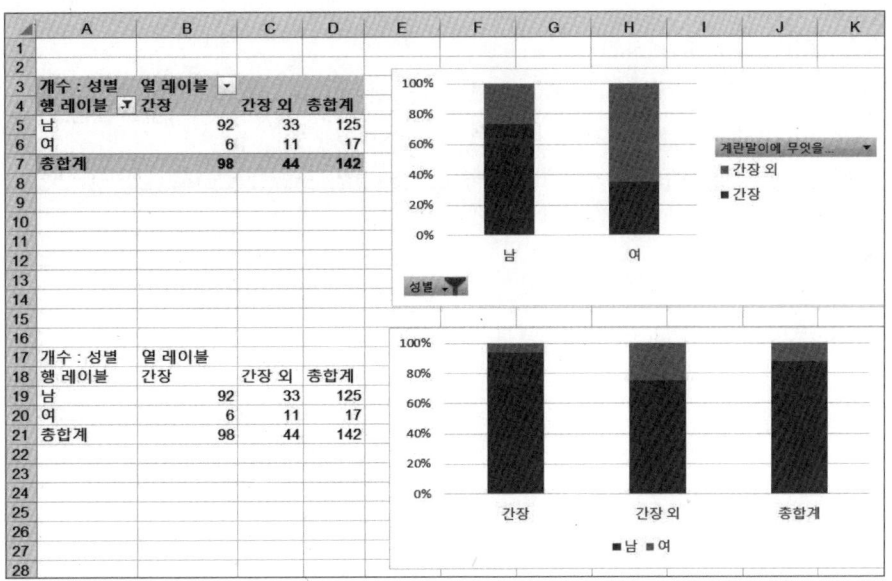

작업 순서는 다음과 같습니다.

>>> A3 셀 클릭 ⇒ Ctrl + A ⇒ Ctrl + C로 표의 값을 복사한다.

>>> A12 등 아래쪽에서 빈셀을 클릭한다.

>>> 홈 ⇒ 클립보드 ⇒ 붙여넣기

>>> 값 붙여넣기 ⇒ 값을 선택한다.

값만 있는 표를 만들 때는 '값 붙여넣기' 기능을 사용하여 작업을 지정합니다. 이후 그림과 같이 남성, 여성, 총합계 행을 대상으로 간장, 간장 외의 열만 드래그하여 그래프를 만들고 세세한 부분을 조정합니다. 피벗 테이블에서 직접 만든 그래프는 '계란말이에 무엇을 첨가하나요?' 등의 버튼이 표시됩니다. 하지만 값만 있는 그래프는 '개수:성별' 등 변수명이 표시되지 않으므로 논문이나 보고서에 적합합니다. 또한 이 형식은 나중에 설명할 카이제곱 검정에서 유의한 차이를 판단하는 데 매우 유용합니다.

참고로 여기서 보여준 것과 같이 '총합계'를 넣은 100% 누적 막대 그래프는 나중에 카이제곱

제8장 설문조사를 하는 단계가 있어요 163

검정을 할 때 큰 도움이 되므로, 앞에서 나타낸 표와 그래프 작업법을 잘 익혀두시기 바랍니다.

요약

- 피벗 테이블로 분할표를 만들 수 있다.
- 피벗 테이블의 기능으로 누적 막대 그래프와 100% 기준 누적 막대 그래프를 만들 수 있다.
- 피벗 테이블에서 값만 가진 분할표를 만들 수 있다.
- 값만 있는 분할표에서 누적 막대 그래프와 100% 기준 누적 막대 그래프를 만들 수 있다.

제9장

설문지의 집계에서 카이제곱 검정으로

★기댓값

	간장	간장 외	합계
남성	10	10	20
여성	10	10	20
합계	20	20	40

데이터 ①

	간장	간장 외	합계
남성	5	15	20
여성	15	5	20
합계	20	20	40

데이터 ②

	간장	간장 외	합계
남성	13	3	20
여성	19	1	20
합계	36	4	40

데이터 ③

	간장	간장 외	합계
남성	17	3	20
여성	5	15	20
합계	22	18	40

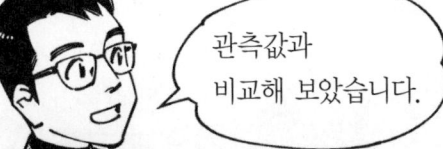

> 관측값과 기댓값의 표를 이렇게 정리해 보겠습니다.

관측값		
a	b	a+b
c	d	c+d
a+c	b+d	n

기댓값(이론값)		
e_1	e_2	a+b
e_3	e_4	c+d
a+c	b+d	n

> 자, 두 표의 차이를 보려면 어떻게 해야 하죠?

> 3종류의 계산식을 생각해 보았습니다.

a. 대응하는 셀의 차이를 합하는 방법

$$= (a-e_1) + (b-e_2) + (c-e_3) + (d-e_4)$$

> 이것은 편차의 합계라고도 말합니다.

b. 대응하는 셀의 차이를 제곱하고 합하는 방법

$$= (a-e_1)^2 + (b-e_2)^2 + (c-e_3)^2 + (d-e_4)^2$$

> 편차의 제곱합이라고도 말합니다.

c. 대응하는 셀의 차이를 제곱하고, 기댓값으로 나누어 합하는 방법

$$= \frac{(a-e_1)^2}{e_1} + \frac{(b-e_1)^2}{e_2} + \frac{(c-e_1)^2}{e_3} + \frac{(d-e_1)^2}{e_4}$$

> 위의 c.가 사실은 카이제곱값이라고 불리는 관측값과 기댓값의 차이를 나타내는 검정통계량입니다.

> 아-

> 검정통계량은 귀무가설을 기각할 수 있는지 여부를 판단하는 데 사용됩니다.

> 의외로 쉽게 알 수 있을 것 같은데요….

> 그럼 계란말이 조사의 예를 다시 한번 보여드리니 연필과 종이로 계산해 보세요.

설문조사의 예(관측값)

	간장	간장 외	합계
남성	5	15	20
여성	15	5	20
합계	20	20	40

기댓값(이론값)

	간장	간장 외	합계
남성	10	10	20
여성	10	10	20
합계	20	20	40

a. 대응하는 셀의 차이를 합하는 방법(편차의 합계)

$$(a-e_1)+(b-e_2)+(c-e_3)+(d-e_4)$$
$$=(5-10)+(15-10)+(15-10)+(5-10)$$
$$=0$$

> 이것은 표의 '합계'가 고정되어 있는 경우 0이 됩니다.
> 계산해 보세요.

b. 대응하는 셀의 차이를 제곱하고 합하는 방법(편차의 제곱합)

$$(a-e_1)^2+(b-e_2)^2+(c-e_3)^2+(d-e_4)^2$$
$$=(5-10)^2+(15-10)^2+(15-10)^2+(5-10)^2$$
$$=100$$

> 합계 0은 피할 수 있지만 전체가 큰 값이 되어 다루기 어렵습니다.

c. 대응하는 셀의 차이를 제곱하고, 기댓값으로 나누어 합하는 방법

$$\frac{(a-e_1)^2}{e_1}+\frac{(b-e_2)^2}{e_2}+\frac{(c-e_3)^2}{e_3}+\frac{(d-e_4)^2}{e_4}$$
$$=\frac{(5-10)^2}{10}+\frac{(15-10)^2}{10}+\frac{(15-10)^2}{10}+\frac{(5-10)^2}{10}$$
$$=10$$

> 다루기 쉬울 것 같은 크기의 값으로 되었네요!

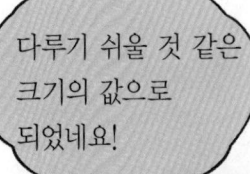

> 이렇게 나온 값이 '카이제곱값'이 됩니다.

만약 카이제곱값이 0이면 관측값과 기댓값이 같다는 것을 의미합니다.

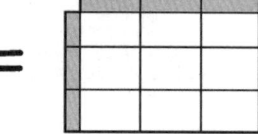

★ 카이제곱값이 0

관측값 = 기댓값

반대로 카이제곱값이 큰 값이면 관측값과 기댓값이 크게 다르다는 것을 의미합니다.

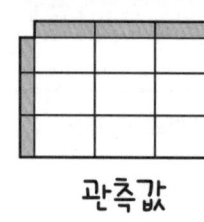
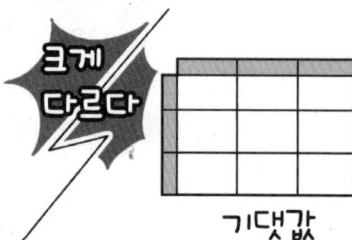

★ 카이제곱값이 크면

관측값 크게 다르다 기댓값

카이제곱값은 정해진 분포를 따르는 것으로 알고 있습니다.

분포는 자유도에 따라 다르지만 이 분포를 가지고 p값이 유의수준보다 큰지 혹은 작은지 알 수 있습니다.

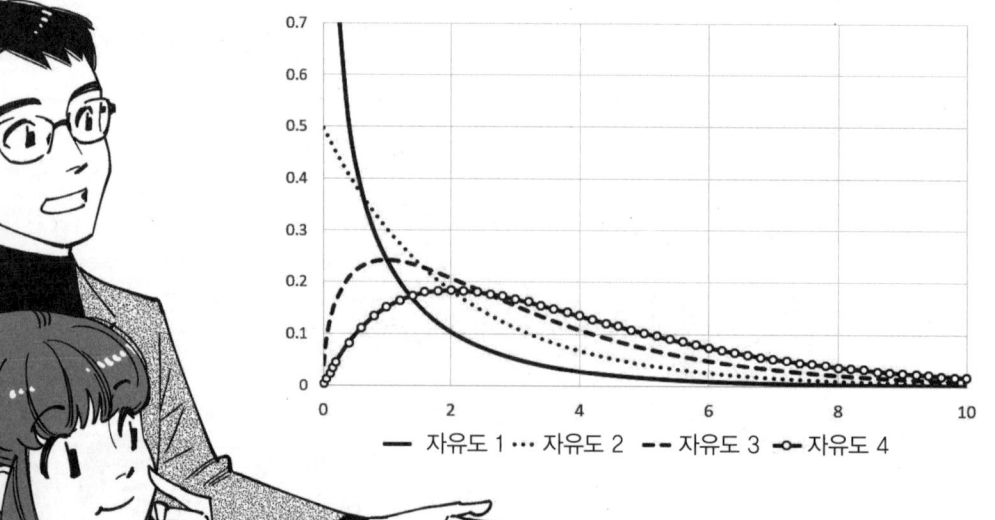

9.2 카이제곱 분포를 경험한다

카이제곱값이 표의 차이를 정량적으로 보여준다는 것은 이미 언급했습니다. 그러나 카이제곱값에 대해 글로 설명하거나 수식만으로는 그 의미를 쉽게 이해할 수 없습니다. 하지만 t분포를 배울 때처럼 직접 손을 움직여 경험하면서 '아! 그래, 분할표의 차이를 나타내는 카이제곱값이란 이런 식으로 생각하는 것이구나!'를 실감할 수 있다면 카이제곱값의 의미도 쉽게 이해할 수 있을 것입니다. 그리고 함께 애초에 데이터를 추출하여 분할표를 만든다는 것이 어떤 작업인지 다시 한 번 확인해 봅시다.

[단계 1] **추출하는 표본이 매번 달라지는 것을 확인한다.**

대량의 데이터 중 일부를 표본으로 추출하여 분할표를 만드는 경우, 데이터를 수집할 때마다 매번 그 집계 결과는 미묘하게 달라집니다. 하지만 표본은 측정할 때마다 달라진다는 것을 생각하는 사람은 많지 않을 것입니다. 그래서 여기서는 엑셀에서 표본 추출을 하고, 추출할 때마다 분할표의 내용이 달라지는 것을 경험해 보도록 하겠습니다. 이것은 설문지 분석의 기본 중의 기본에 대한 이야기이기도 합니다.

첫 번째 예로 남성 64명, 여성 64명의 데이터를 생성하여 2×2 행렬표로 집계하는 경우로 집계하는 경우를 예로 들어보겠습니다.

● 표본 추출 시뮬레이션

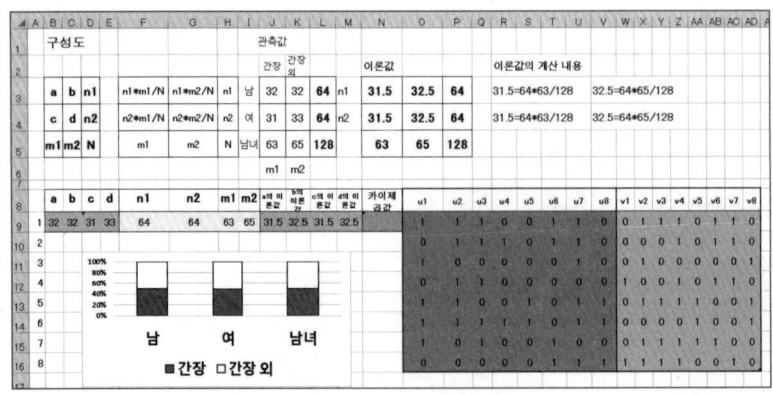

먼저 파일을 엽니다.

》》 8번 행의 u1-u8과 v1-v8의 각 8개의 열에 0 혹은 1이 각각 50%의 확률로 나올 수 있는 난수를 8개의 행에 걸쳐서 설정한다. 그 함수로 =RANDBETWEEN(0,1)을 사용한다.
》》 1은 간장을 사용하는 사람, 0은 간장 이외의 조미료를 사용하는 사람으로 간주한다.
》》 u와 v의 영역은 8행 8열이므로 64개의 표본을 생성한 것이 된다.
》》 J3:L5 범위에 측정한 관측값을 집계한다.
》》 N3:P5 범위에 기댓값을 구한다.
》》 F9 또는 Shift + F9로 위의 64개 표본값을 갱신한다.
》》 갱신을 하면, 즉 표본을 추출할 때마다 관측값과 기댓값이 바뀌는 것을 확인한다.

'표본을 추출할 때마다 값이 달라진다'는 것이 중요한데, 64명 중 간장(1)과 간장 외(0)가 항상 50%인 32명은 아닙니다. 남녀 모두 간장과 간장 외의 발생 비율이 이론적으로는 50%라고 해도 표본의 데이터를 취합할 때마다 분할표의 값이 달라지는 것이 중요하며, 이 시트를 통해 그 점을 경험할 수 있습니다.

통계학 연습문제에서 데이터를 추출하여 남녀의 간장 또는 간장 외의 빈도가 이렇게 나왔다고 해서 그것이 전부이고 그 외에는 존재하지 않는다고 머리 속으로 믿어서는 안 됩니다. 당연하지만 표본은 구하는 것마다 다릅니다. 집계된 결과는 표본을 모을 때마다 달라집니다. 이것이 중요한 포인트입니다.

[단계 2] 분할표를 만든다는 것은 어떤 의미가 있는가?

분할표는 데이터를 이해하기 쉽게 표시하는 그래프를 만드는 데 필요합니다. 또한, 분할표를 통해 어느 정도 데이터의 분포를 파악할 수 있습니다. 여기서는 분할표를 만드는 피벗 테이블의 기능을 다시 한 번 확인해 보겠습니다.

● 분할표를 그래프로 만들기

	N	O	P	Q	R	S	T	U	V	W	X	Y	Z	AA	AB	AC	AD	AE	AF	AG	AH	AI	AJ	AK	AL	AM	AN	AO	AP	AQ
1	구성도			a:u1-u20 1의 수										첫번 째	간장	간장 외		두번 째 행				세번 째 행				네번 째 행			
2	a	b	n1	b:u1-u20 0의 수										남	10	10	20		8	12	20		12	8	20		7	13	20
3	c	d	n2	c:u21-u40 1의 수										여	12	8	20		10	10	20		5	15	20		12	8	20
4	m1	m2	N	d:u21-u40 0의 수										남녀 합계	22	18	40		18	22	40		17	23	40		19	21	40
5																														
6	a	b	c	d											u1	u2	u3	u4	u5	u6	u7	u8	u9	u10	u11	u12	u13	u14	u15	u16
7	10	10	12	8											1	1	0	1	0	0	0	1	0	0	0	1	0	1	1	1
8	8	12	10	10											1	1	0	0	0	1	1	0	0	1	0	1	0	0	0	1
9	12	8	5	15											1	0	0	1	1	1	1	0	1	0	0	1	0	1	0	1
10	7	13	12	8											0	1	0	0	1	0	0	1	0	1	0	0	0	0	0	1
11	9	11	10	10											0	0	0	0	1	0	1	0	1	0	1	1	1	1	0	0
12	9	11	9	11											1	1	0	1	0	1	0	0	0	1	0	1	0	1	0	0
13	8	12	12	8											1	0	0	0	0	0	0	0	0	0	0	1	0	1	1	1
14	12	8	10	10											0	0	1	1	0	1	1	0	1	1	0	0	1	0	1	1
15	9	11	9	11											0	0	1	0	1	0	0	0	0	0	0	1	1	1	1	1
16	10	10	11	9											0	0	1	1	1	0	0	1	1	1	1	1	1	1	0	0
17	13	7	11	9											1	1	0	1	1	0	0	1	0	0	1	1	1	1	0	1
18	11	9	13	7											1	0	0	1	0	0	1	1	1	0	0	0	1	1	1	0

지정된 파일을 열기 바랍니다.

>>> 그림의 오른쪽에 있는 u1-u20을 남성, u21-u40을 여성 데이터로 간주하고, 0과 1이 반반씩 생성되도록 설정한다. 그 함수로는 =RANDBETWEEN(0,1)을 사용한다.

>>> 남성에서 1이 나온 사람을 간장을 사용하는 사람으로 a, 그 외는 b, 여성에서 1이 나온 사람을 간장을 사용하는 사람으로 c로, 그 외는 d로 집계한다.

>>> n1을 남성 인원 수, n2를 여성 인원 수, m1을 간장을 사용하는 사람 수, m2를 간장 외의 조미료를 사용하는 사람 수로 설정한다.

>>> 전체 사람 수를 N으로 한다.

>>> 한 예로 표의 N7:Q7의 값을 AA1:AD4의 값을 옮겨 분할표로 나타낸다.

>>> 분할표를 100% 누적 막대그래프로 나타낸다.

이 분할표에서는 남녀 합계도 그래프로 표시했습니다. 남녀 합계 값은 남녀 구분이 없다면 이런 분포(간장:간장 외=22:18)가 될 것이라는 이론적 비율을 나타냅니다. 이렇게 합계를 넣은 그래프를 만들면 2×2 분할표의 빈도가 어느 정도 어긋나는지를 알 수 있어 편리합니다.

이어서 다음과 같은 작업을 합니다.

>>> F9 또는 Shift + F9 키를 눌러 값을 갱신한다.
>>> 값을 갱신할 때마다 100% 누적 막대 그래프가 변화하는 것을 확인한다.
>>> 값을 갱신해도 '남녀 합계'의 분포와 '남성'의 분포와 '여성'의 분포가 상당히 다른 경우는 거의 발생하지 않는 것을 경험한다.

이러한 작업을 통해 관측값이 기댓값과 크게 다른 경우는 거의 발생하지 않음을 경험할 수 있습니다.

[단계 3] 분할표의 기댓값이란 원래 무엇인가?

카이제곱 검정에서는 기댓값을 구하는 방법이 중요합니다. 여기서 기댓값이 무엇인지 다음 도표로 확인해 보시기 바랍니다.

● 2×2 분할표에서 기댓값을 구하는 방법

	구성도			계산 방법			관측값			기댓값			기댓값의 계산 내용	
	a	b	n1	n1*m1/N	n1*m2/N	n1	8	12	20	9.5	10.5	20	9.5=20*19/40	10.5=20*21/40
	c	d	n2	n2*m1/N	n2*m2/N	n2	11	9	20	9.5	10.5	20	9.5=20*19/40	10.5=20*21/40
	m1	m2	N	m1	m2	N	19	21	40	19	21	40		

지정된 파일을 엽니다.

>>> 그림의 오른쪽에 있는 u1-u20을 남성, u21-u40을 여성 데이터로 간주하고, 0과 1이 반반씩 생성되도록 설정한다. 그 함수로는 =RANDBETWEEN(0,1)을 사용한다.
>>> 1을 간장을 사용하는 사람, 0을 간장 외의 조미료를 사용하는 사람으로 간주한다.
>>> R2:T4의 영역이 관측값을 집계한 구성도라고 간주한다.

>>> 구성도 상에서 남성 중 간장을 사용하는 사람을 a, 그 외를 b, 여성 중 간장을 사용하는 사람을 c, 그 외를 d로 설정한다.

>>> n1을 남성 인원 수, n2를 여성 인원 수, m1을 간장을 사용하는 인원 수, m2를 간장 외의 조미료를 사용하는 인원 수로 설정한다.

>>> 전체 인원 수를 N으로 설정한다.

기댓값을 이해하기 위해 다음과 같이 생각해 보면 이해하기 쉬울 것입니다.

>>> 전체 사람들에게 우선 간장을 사용하는 사람은 손을 들어보라고 하여 그 인원 수(m1)를 구한다. 그렇게 하면 간장의 비율(m1/N)이 구해진다. 그리고 간장 이외의 비율은 (m2/N)이 된다.

>>> 이 비율을 사용하면 남성 중 간장을 사용하는 사람수는 n1*(m1/N), 남성 중 간장 외의 조미료를 사용하는 사람 수는 n1*(m2/N)이 된다.

>>> 여성 중 간장을 사용하는 사람 수는 n2*(m1/N), 여성 중 간장 외의 조미료를 사용하는 사람 수는 n2*(m2/N)이 된다.

이러한 기댓값을 구하는 방법은 V2:X4 부분에 설명되어 있습니다.

여기서 설명한 기댓값을 구하는 방법은 카이제곱 검정을 계산할 때 가장 중요한 부분이기 때문에 반드시 직접 계산을 해보고 이해하기 바랍니다. 그래도 아직 이해가 잘 안되는 분들은 다음 설명의 그래프를 보시면 이해가 될 것입니다.

● 관측값과 기댓값의 관계

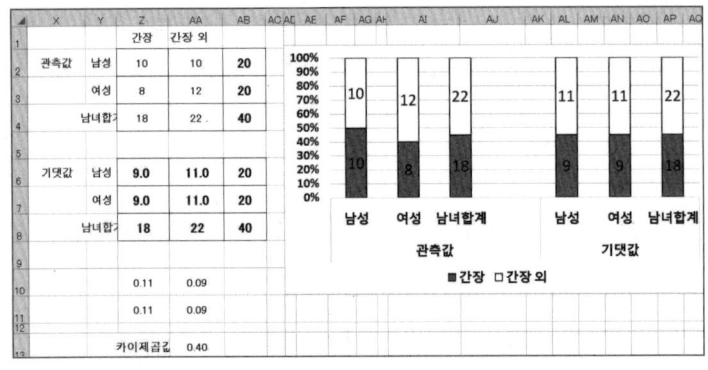

이 그림에서는 관측값과 기댓값을 값만 집계한 분할표로 위 아래로 정렬하여 그래프로 표현했습니다. 주목해야 할 점은 오른쪽에 있는 기댓값의 3개 그래프의 상하 경계가 관측값의 남녀 합계와 같은 높이로 되어 있다는 점입니다. 즉, 세밀한 계산을 하지 않아도 관측값의 남녀 합계 그래프가 기대값의 비율을 대신할 수 있다는 뜻입니다. 그래서 남성, 여성, 남녀 합계 100% 누적 막대 그래프를 사용하면 남성과 여성이 어느 정도 차이가 나는지 알 수 있는 것입니다. 이런 사정이 있기 때문에 지금까지 여러 번 '평소 잘 사용하지 않는 합계 부분을 그래프에 사용한다'는 설명을 드렸습니다. 그럼 실제로 카이제곱값을 구하면, 이 그림의 카이제곱값은

$$\frac{(10-9)^2}{9} + \frac{(10-11)^2}{11} + \frac{(8-9)^2}{9} + \frac{(12-11)^2}{11} = 0.40$$

라는 값을 구할 수 있습니다. 그런데 2×3 분할표에서 카이제곱값이 0.40이 되는 것은 흔한 일일까요, 아니면 흔치 않은 일일까요? 이를 알기 위해서는 카이제곱값의 분포를 알아야 합니다.

단계 4 자유도를 이해한다

카이제곱값을 구한 것은 좋지만, 어떤 카이제곱값을 취하는 것은 어느 정도인가 하는 카이제곱값의 분포를 알아야 합니다. 사실 카이제곱값의 분포는 자유도에 따라 달라집니다. 자유도란 분산분석에서 설명했지만, 통계학의 세계에서 자주 사용되는 것으로 전체에서 몇 개까지 알면 나머지도 알 수 있는지를 나타내는 값입니다. 분할표에는 가로 한 줄로 된 것, 가로 세로 여러 줄로 된 것이 있으므로 분할표의 형태와 자유도에 대해 설명합니다.

● **자유도의 구성도**

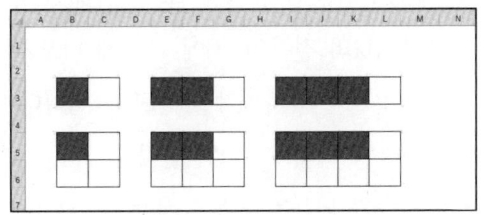

그림 상단의 왼쪽 예시에서는 두 개의 셀만 있기 때문에 한쪽이 정해지면 나머지도 정해집니다. 남녀, 동전의 앞뒷면처럼 합계를 알고 있는 경우 한쪽을 들으면 나머지를 알 수 있기 때문에 이것을 자유도 1이라고 합니다.

위쪽 중앙의 예는 여러 명이 가위 바위 보를 했을 때, 가위·주먹·보자기를 낸 사람 중 2종류를 낸 사람 수를 들어보면 나머지가 정해지기 때문에 자유도 2라고 합니다.

상단의 오른쪽 예에서는 혈액형처럼 3종류를 들으면 나머지 혈액형이 결정되므로 자유도 3이 됩니다. 조선시대의 사농공상 분류도 자유도 3입니다.

하단 왼쪽 2×2의 경우 가로의 합과 세로의 합이 정해져 있다고 하면, 셀 하나의 값만 결정되면 나머지 값을 알 수 있기 때문에 자유도는 1입니다.

아래쪽의 2×3이나 2×4의 표에서는 가로를 l, 세로를 m이라고 생각하면 그 경우의 자유도는 (l-1)*(m-1)로 구한다고 생각하기 바랍니다. 카이제곱 검정에서 자주 사용하는 것은 2×2 표의 자유도 1의 경우입니다.

단계 5 2×2 분할표로 자유도 1인 카이제곱 분포 만들기

카이제곱 검정에서 자유도가 중요한 이유는 자유도에 따라 카이제곱값의 그래프 모양이 달라지기 때문입니다. 카이제곱값의 분포는 자유도의 차이에 따라 이렇게 된다는 말을 듣고 '아, 그렇구나~' 하고 생각을 멈추고 이유도 모른 채 넘어가는 것이 아니라, 실제로 직접 그래프를 만들어 자유도가 다르면 어떻게 되는지 경험해 봅시다.

지금까지 설명한 내용의 복습을 겸해 카이제곱 분포의 기본을 다시 한 번 설명합니다. 예를 들어 32개의 셀에서 0이나 1이 나오는 난수를 이용하여 0과 1의 숫자를 집계한 것을 2종류, 예를 들어 말하면, 남녀 32명이 각각 계란말이에 첨가하는 조미료가 간장인지 간장 이외인지를 조사했다고 가정해 봅시다. 대부분의 경우 셀의 값 a, b, c, d 가 32의 절반인 16에 가깝게 나오지만, 간혹 16에서 크게 벗어나는 경우가 있습니다. 이것은 자유도 1인 카이제곱 분포가 됩니다. 여기에서는 이것을 1,024번 구해서 카이제곱값의 빈도를 구하여 그래프로 표현합니다.

이와 함께 카이제곱값이 어느 정도 크기가 되면 전체의 95%가 되는지를 누적 %로 구합니다. 이 누적 %는 카이제곱값을 한쪽 끝에서 합산하여 누적 빈도를 구하고, 그것이 전체 개수의 몇 퍼센트를 나타내는지를 의미하게 됩니다.

● 자유도 1의 카이제곱 분포 구하기

	A	B	C	D	E	F	G	H	I	J	K	L	M	N	O	P	Q	R	S	T	U	V	W	X	Y
1	관측값					이론값				이론값의 계산 내용						구성도									
2	15	17	32	n1		15.0	17.0	32		15=32*30/64 17=32*34/64						a	b	n1		n1*m1/N n1*m2/N			n1		
3	15	17	32	n2		15.0	17.0	32		15=32*30/64 17=32*34/64						c	d	n2		n2*m1/N n2*m2/N			n2		
4	30	34	64			30	34	64								m1	m2	N		m1			m2		N
5	m1	m2								카이제곱값	0.00														
6		하한	상한			카이제곱값	도수	누적%					a	b	c	d	n1	n2	m1	m2	a의 이론값	b의 이론값	c의 이론값	d의 이론값	카이제곱값
7	0	>=-0.25	<0.25			0	293	293	0.29			1	15	17	15	17	32	32	30	34	15.00	17.00	15.00	17.00	0.00
8	0.5	>=0.25	<0.75			0.5	338	631	0.62			2	15	17	13	19	32	32	28	36	14.00	18.00	14.00	18.00	0.25
9	1	>=0.75	<1.25			1	118	749	0.73												17.00	15.00	17.00	15.00	0.00
10	1.5	>=1.25	<1.75			1.5	93	842	0.82												15.00	17.00	15.00	17.00	0.25
11	2	>=1.75	<2.25			2	1	843	0.82												16.00	16.00	16.00	16.00	0.25
12	2.5	>=2.25	<2.75			2.5	59	902	0.88												15.50	16.50	15.50	16.50	0.06
13	3	>=2.75	<3.25			3	46	948	0.93												18.00	14.00	18.00	14.00	0.25
14	3.5	>=3.25	<3.75			3.5	1	949	0.93												14.50	17.50	14.50	17.50	1.58
15	4	>=3.75	<4.25			4	30	979	0.96												20.50	11.50	20.50	11.50	5.50
16	4.5	>=4.25	<4.75			4.5	3	982	0.96												17.00	15.00	17.00	15.00	0.25
17	5	>=4.75	<5.25			5	20	1002	0.98												15.00	17.00	15.00	17.00	1.00
18	5.5	>=5.25	<5.75			5.5	2	1004	0.98												18.00	14.00	18.00	14.00	0.25

파일을 엽니다.

≫ 위 그림에는 숨겨져 있지만 AA 열보다 오른쪽에 u1–u64의 값이 있다. 그래서 0이나 1의 난수를 16개씩 집계하여 a, b, c, d로 집계한다.

≫ A2:C4에 a, b, c, d 값의 첫 번째 행의 관측값을 기록한다.

≫ 이 때 기댓값(이론값)의 빈도를 F2:H4로 확인한다.

≫ K5에 카이제곱 값이 구해지는 것을 확인한다.

≫ 직접 관측값과 기댓값에서 카이제곱값을 손으로 계산하고, K5의 값과 같은지 확인한다.

≫ Y열에 카이제곱값이 1,024개 구해지는 것을 확인한다.

≫ 이것을 그래프로 표시한다. 즉, 카이제곱값의 분포 그래프가 표시되는 것을 확인한다.

≫ F9 또는 Shift + F9로 여러 번 화면의 값을 갱신해도 그래프의 모양이 크게 변하지 않는 것을 확인한다.

그림을 보면 카이제곱값이 4인 곳에서 H열에 있는 누적 %가 95%가 넘습니다. 즉, 자유도가 1일 때는 카이제곱값이 약 4까지의 값이 되는 것이 전체의 95%를 차지하고 있는 것입니다. 카이제곱값이 4 이상이 되는 것은 전체의 5% 정도밖에 되지 않는다, 즉 거의 생기지 않는 상태라는 것을 알 수 있습니다.

단계 6 자유도 1에서 자유도 4의 카이제곱 분포 만들기

가로 한 줄로 된 수표를 이용하면 자유도별 카이제곱 분포의 그래프를 쉽게 만들 수 있습니다. 자유도 차이에 따른 카이제곱 분포를 만들어 어떤 분포가 되는지 경험해 봅시다.

● 자유도 1-4의 카이제곱 분포 만들기

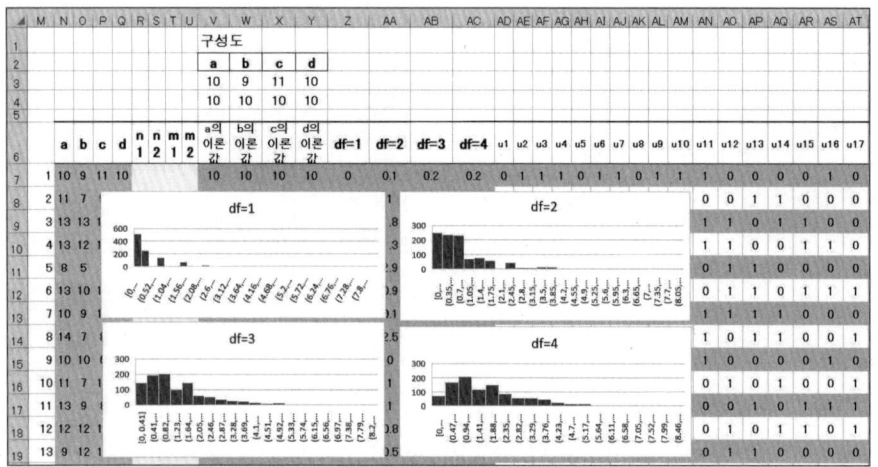

자유도 1~4의 카이제곱 분포의 값을 2×2, 2×3, 2×4의 표로 만들어도 좋지만, 작업이 번거롭게 됩니다. 따라서 1×2, 1×3, 1×4의 표로 자유도가 다른 카이제곱 검정의 분포를 만들어 봅시다.

파일을 엽니다.

》 u01-u80까지 0 또는 1이 반반의 비율로 생성되는 난수를 설정한다.
》 20개마다 1의 개수를 구하여 표의 왼쪽 끝 a, b, c, d에 배치한다.
》 a, b, c, d의 각각의 기댓값은 10, 10, 10, 10이 된다.
》 a, b, c, d의 값과 기댓값에서 카이제곱값을 구한다.
》 F9 또는 Shift + F9로 값을 갱신한다.

위 그림의 값을 바탕으로 카이제곱 값을 구하는 방법을 나타내면 다음과 같습니다.

- ≫ 자유도 1의 카이제곱값은 $(11-10)^2/10 = 0.1$
- ≫ 자유도 2의 카이제곱값은 $(11-10)^2/10 + (9-10)^2/10 = 0.2$
- ≫ 자유도 3의 카이제곱값은 $(11-10)^2/10 + (9-10)^2/10 + (10-10)^2/10 = 0.2$
- ≫ 자유도 4의 카이제곱값은 $(11-10)^2/10 + (9-10)^2/10 + (10-10)^2/10 + (11-10)^2/10 = 0.3$
- ≫ 직접 관측값과 기댓값에서 카이제곱값을 직접 계산하여 위의 값과 같은지 확인한다.

그림에서는 1,024개 행의 데이터에서 카이제곱값의 히스토그램을 구하여 그래프로 표시하였습니다. 화면의 값을 갱신하면 그래프도 달라지지만, 거의 같은 모양이 되는 것을 알 수 있습니다.

실제로 자유도 1~4의 카이제곱 분포를 통계 소프트웨어의 함수를 사용하여 별도로 구했더니 아래와 같은 그래프가 되었습니다.

앞에서 구한 그래프와 동일하다는 것을 알 수 있습니다.

● 자유도 1 ~ 4의 카이제곱 분포

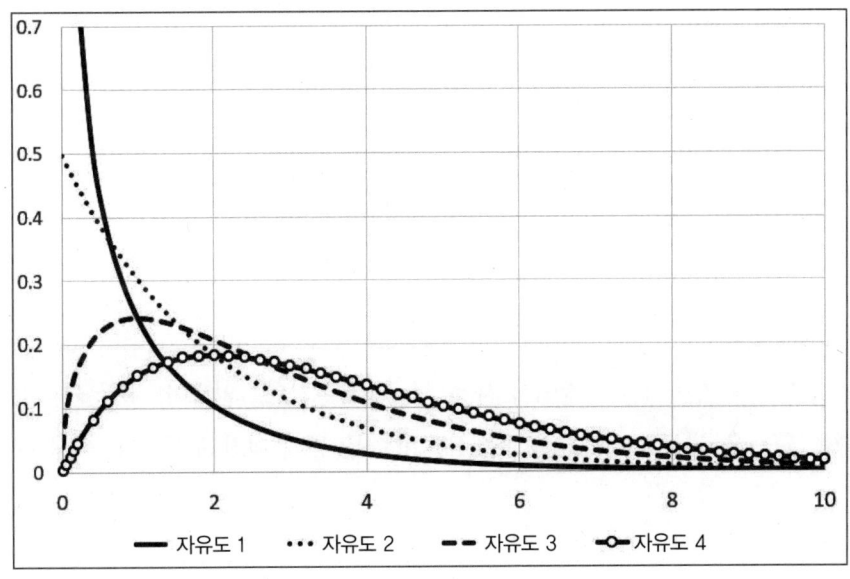

단계 7 카이제곱 검정을 하려면

지금까지 카이제곱값을 구하는 방법을 다양하게 공부했습니다. 여기서는 예제를 대상으로 카이제곱값을 어떻게 구하는가, 그리고 그것이 발생할 확률, 즉 관측값과 기댓값의 빈도가 같다고 가정해도 카이제곱값이 그렇게까지 어긋날 확률이 얼마나 되는지에 대한 검토, 즉 카이제곱 검정의 기본을 설명합니다.

컴퓨터가 보급되기 이전에는 카이제곱값으로부터 그것이 발생할 확률이 몇 퍼센트인지 구하는 것이 어려웠고, 그러한 용도를 위한 숫자표가 카이제곱 분포표로 작성되어 있었습니다. 아래에 그 예를 제시합니다.

이 표에서는 카이제곱 분포의 경우 자유도 1에서는 3.84 이상이 될 확률은 0.05, 자유도 2에서는 5.99 이상일 확률은 0.05라고 읽습니다. 따라서 2×2 분할표의 경우 자유도 1인 카이제곱 분포의 위쪽 5% 점이 약 4(3.84), 1% 점이 약 7(6.63), 그리고 0.001이 약 11(10.83)임을 기억해두면 2×2 분할표의 카이제곱값을 계산하는 것만으로도 유의한 차이가 있는지 없는지를 바로 판단할 수 있어 편리합니다. 실제적으로는 벚꽃이 피는 4월, 즉 4라는 숫자가 중요하다는 것을 이해하시기 바랍니다.

● 카이제곱 분포표

자유도	0.5	0.05	0.01	0.001
1	0.45	3.84	6.63	10.83
2	1.39	5.99	9.21	13.82
3	2.37	7.81	11.34	16.27
4	3.36	9.49	13.28	18.47
5	4.35	11.07	15.09	20.52
6	5.35	12.59	16.81	22.46

다만, 현재는 이런 숫자표를 카이제곱 검정에서 사용하는 경우는 별로 없으며, 구한 카이제곱값 이상의 값이 나올 확률을 엑셀의 CHISQ.DIST.RT 함수를 통해 직접 구합니다. 이를 위해서는

CHISQ.DIST.RT(카이제곱 값, 자유도)

의 형식으로 유의확률 p의 값을 구합니다. 또한, 관측값과 기댓값의 분할표를 미리 구하고 싶을 때는

CHISQ.TEST(관측값의 셀 범위, 기댓값의 셀 범위)

의 형식으로 유의확률 p를 구합니다.

그러나 문장이나 수식으로 카이제곱 검정을 설명해도 이해하기 어렵기 때문에, 지금까지 여러 번 다루었던 계란말이에 첨가하는 조미료의 실제 사례를 대상으로 카이제곱 검정을 실시하여 카이제곱 검정을 올바르게 기술하는 방법을 확인해 봅시다.

단계 8) 카이제곱 검정을 올바르게 기술하려면

지금까지의 설명에서는, 표본으로부터 카이제곱 검정을 할 때는

- 관측값 분할표와 기댓값 분할표를 만든다.
- 귀무가설과 대립가설을 설정한다.
- 자유도를 확인한다.
- 두 표를 바탕으로 카이제곱값을 구한다.
- 자유도 값에 따른 카이제곱 분포의 위쪽 확률을 유의수준 0.05, 0.01, 0.001과 비교한다.
- 카이제곱 값이 유의수준보다 크면 대립가설을 기각한다.

라고 설명해 왔습니다.

여기에서 관측값으로 카이제곱 검정을 할 때의 올바른 작성법을 복습해 봅시다. 평균값 검정때와 마찬가지로 카이제곱 검정에서도 통계적 가설검정을 이용하여 카이제곱 검정을 합니다. 계란말이에 첨가하는 조미료의 남녀 차이를 고려하는 경우의 예는 다음과 같은 순서가 됩니다.

귀무가설 H0: 남녀가 계란말이에 사용하는 조미료 종류의 빈도에 차이가 없다.
대립가설 H1: 남성과 여성은 계란말이에 사용하는 조미료 종류의 빈도에 차이가 있다.

라고 가정합니다.

앞의 가설에 따라 카이제곱 검정을 실시하였습니다. 그 결과 유의수준 α = 0.05로 귀무가설을 기각했다고 표현합니다.

자유도 1에서 카이제곱값이 약 4(3.86) 이상이면 관측값과 이론값이 그렇게까지 어긋나는 것은 우연히 발생하더라도 5% 이하로 발생하므로 양자의 빈도가 같다고 생각하는 것은 어떨까?라고 생각하여 귀무가설을 기각하는 것입니다. 귀무가설 기각 여부의 기준이 되는 확률이 유의수준으로 관례적으로 5%, 1%, 0.1%가 사용됩니다. 즉, 표의 차이를 카이제곱값으로 구하고 그것이 큰 값이 나오면 처음에는 표의 차이가 없다고 생각했는데, 여기까지 있는 것은 우연이 아닌 경우가 많기 때문에 첫 번째 귀무가설을 기각하는 것입니다.

[단계 9] **조미료의 사용법에 남녀 차이가 있는지 시험해 보자**

지금까지 예제로 다루었던 계란말이에 사용하는 조미료에 대한 조사의 예를 실제로 카이제곱 검정으로 분석해 봅시다. 다음 10장부터는 학교 생활의 다양한 상황에서 카이제곱 검정을 유용하게 사용할 수 있는 방법을 소개하므로, 이 단계에서 카이제곱 검정을 올바르게 하는 방법에 익숙해지기 바랍니다.

● 조미료 사용법의 남녀 차이

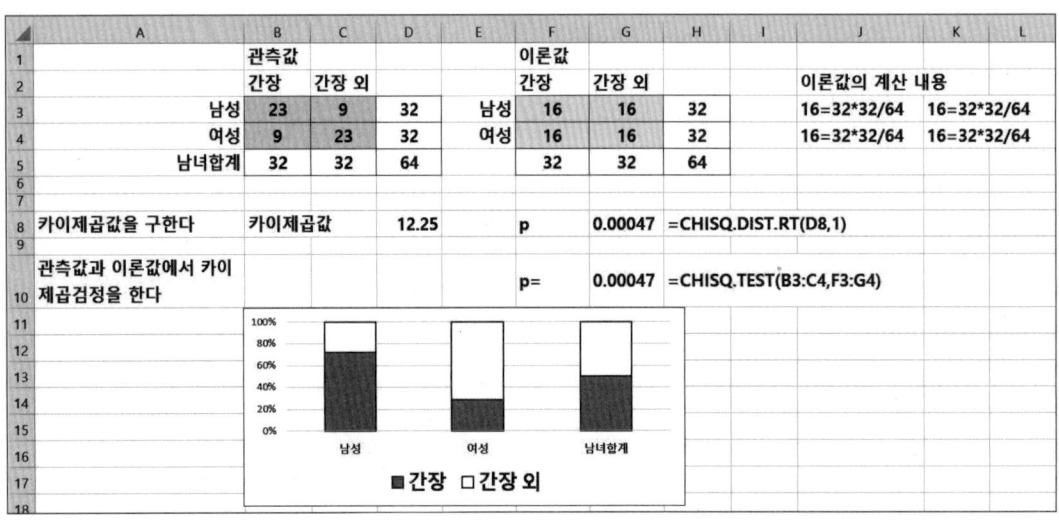

셀의 의미는 다음과 같습니다.

» 남녀의 조미료 차이에 대한 관측값을 B3:C4로 설정한다.
» 기댓값을 F3:G4에 구한다.
» D8에 카이제곱값을 구한다.
» 그 상측 확률을 G8 셀에 CHISQ.DIST.RT 함수로 구한다.
» B3:C4의 관측값과 F3:F4의 기댓값에서 CHISQ.TEST 함수로 상측 확률을 G10에 구한다.

그림과 같이 데이터를 수집한 경우, 먼저 남녀의 간장과 간장 외의 조미료 사용 비율은 같다는 귀무가설을 세웁니다. 그리고 간장과 간장 외의 조미료를 사용하는 비율은 같지 않다는 대립가설을 세웁니다. 그리고 이 분할표에서 카이제곱값을 구한 후, 유의확률을 엑셀의 함수를 이용하여 CHISQ.DIST.RT(카이제곱값, 자유도)로 구합니다.

p가 5% 이하이면, 그런 상태가 되는 것은 우연이라도 드물다고 생각하여 귀무가설을 기각합니다. 즉, 남녀의 조미료 사용법이 같다고는 말할 수 없다고 판단합니다.

세밀하게 분석하려면 일단 카이제곱값을 구합니다. 그리고 CHISQ.DIST.RT 함수로 자유도 1의 카이제곱값의 상측 확률을 구합니다. 또는 관측값과 이론값의 분할표를 구했다면, 거기서 바로 CHISQ.TEST 함수로 카이제곱 검정을 하여 p값을 구합니다.

카이제곱 검정의 결과를 그래프로 대충 살펴보는 방법은, 앞서 설명한 것처럼 남성, 여성, 남녀 합계의 100% 누적 막대 그래프를 만들고, 100% 누적 막대 그래프의 경계가 두 그래프에서 극단적으로 다른지에 주목합니다. 이미 설명했지만, 남성, 여성 2개의 100% 누적 막대 그래프를 제시하는 것이 아니라 양자를 합한 값, 즉 그래프에서 '남녀'라고 표시한 값이 이론값의 비율과 같다는 것을 이용하는 것입니다. 남녀가 간장과 간장 외의 조미료를 선택하는 빈도가 비슷하다면 막대 그래프의 경계가 같은 부근에서 높이가 같아야 하는데, 극단적으로 막대 그래프의 경계가 다르다면 카이제곱 검정에서 유의한 차이가 있을 것으로 판단할 수 있습니다.

이번 그림에서는 $p=0.0005$가 되어 남녀의 조미료 사용법에 차이가 없다는 가설을 기각합니다. 이런 결과가 나오면 식당에 비치하는 조미료의 양을 조정할 필요가 있습니다. 그저 학생식당의 조미료라고 생각할 수도 있지만, 낭비를 줄이면 식당의 이익이 더 많아집니다.

통계학을 공부할 때, 혹은 현장의 데이터를 분석할 때, 단순히 공식에 대입해서 분석하는 것이 아니라 자신의 데이터를 분석해서 뭔가 도움이 되지 않을까, 혹시 수익이 되지 않을까 등을 생각하면서 분석하는 것을 추천합니다.

통계학은 이론, 공식을 외우는 것만으로는 의미가 없고, 실제로 사용할 수 있어야 도움이 되는 실용적인 학문입니다.

요약

- 수집한 표본으로 분할표를 만들 수 있다.
- 분할표에서 그래프를 만들 수 있다.
- 분할표의 기댓값을 자신의 힘으로 구할 수 있다(이 부분이 가장 중요).
- 카이제곱 검정을 할 때 자유도를 구하는 방법을 알 수 있다.
- 카이제곱 검정의 귀무가설과 대립가설을 세울 수 있다.
- 구한 표본에 카이제곱 검정을 실시할 수 있다.

제10장

고민 해결은 카이제곱 검정으로

– 취업 활동 응용편 –

10.1 고민 해결은 카이제곱 검정으로

저는 마침 식당 메뉴의 개선을 생각하고 있었습니다만 취업 활동 설문조사도 메뉴 개선 설문조사도 같은 방법으로 처리할 수 있습니다.

- Yes/No
- 만족도

5・4・3・2・1 등

숫자처럼 연속되지 않은

면접을 잘하고 못하고 혹은 메뉴에 대한 호불호 등 Yes/No로 응답할 수 있는 것

또는 능력이나 메뉴의 5단계 평가를 분석하는 방법이 카이제곱 검정입니다.

① 고등학교 때 면접을 잘 보았는지 여부와 대학 입시에 대한 자신감이 있는지 여부

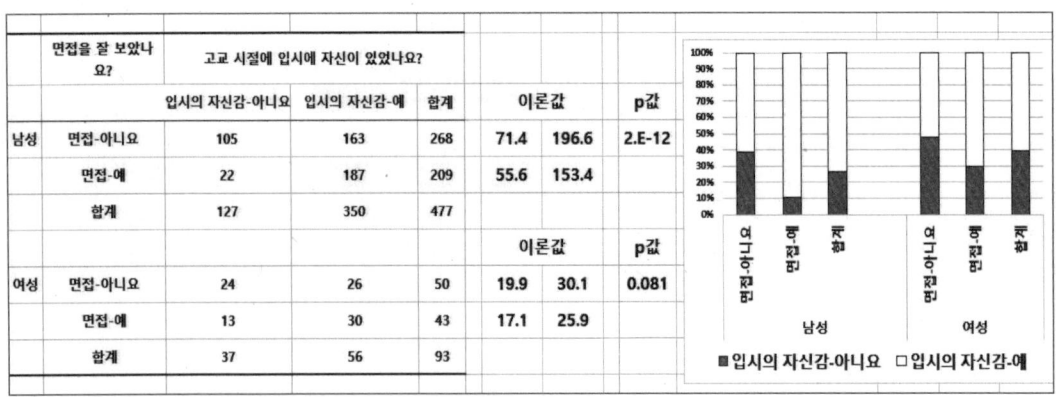

남성　$p = 2E-12$ (2×10^{-12} 즉 $2/10^{12}$의 의미, 문자 E가 에러의 의미는 아님)
여성　$p = 0.081$

	면접을 잘 보았나요?	고교 시절에 입시에 자신이 있었나요?					
		입시의 자신감-아니요	입시의 자신감-예	합계	이론값		p값
남성	면접-아니요	105	163	268	71.4	196.6	2.E-12
	면접-예	22	187	209	55.6	153.4	
	합계	127	350	477			
					이론값		p값
여성	면접-아니요	24	26	50	19.9	30.1	0.081
	면접-예	13	30	43	17.1	25.9	

② 대학에서 면접을 잘 보는지 여부와 취업 활동에 대한 자신감 유무

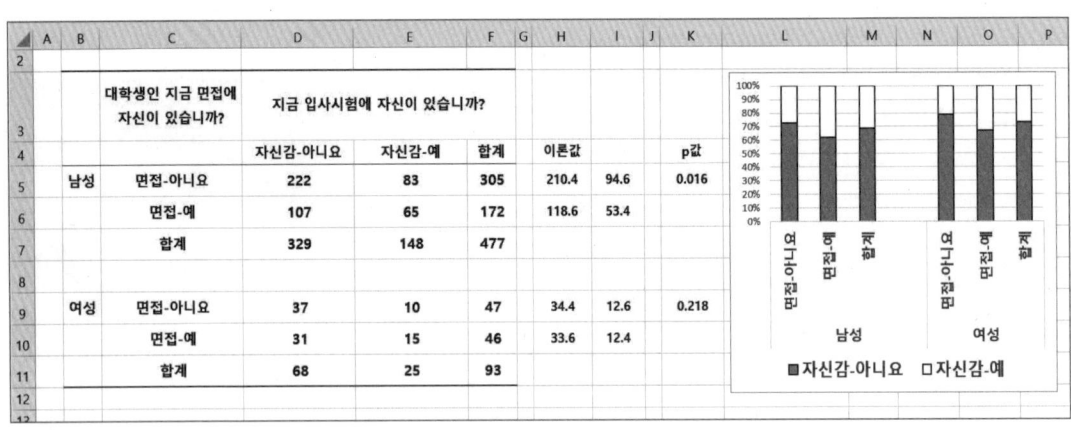

【귀무가설】 대학 시절 면접을 잘하고 못하는 것과 취업 활동에 대한 자신감 유무는 관계가 없다.
【대립가설】 대학 시절 면접을 잘하고 못하는 것과 취업 활동에 대한 자신감 유무는 관계가 있다.

남성 $p = 0.016$
여성 $p = 0.218$

엑셀로 계산하면 이렇게 되어요!

유의수준을 $p = 0.05$라고 하면 남성은 여전히 유의한 차이가 있는 것 같아요.

하지만 여성의 값은 아까보다 더 큰 걸요! 분명히 유의하지 않아요!

이런 표본을 늘리면 된다는 식의 문제는 아니죠?

표와 검정 결과를 정리해 봅시다.

	대학생인 지금 면접에 자신이 있습니까?	지금 입사시험에 자신이 있습니까?			이론값		p값
		자신감-아니요	자신감-예	합계			
남성	면접-아니요	222	83	305	210.4	94.6	0.016
	면접-예	107	65	172	118.6	53.4	
	합계	329	148	477			
여성	면접-아니요	37	10	47	34.4	12.6	0.218
	면접-예	31	15	46	33.6	12.4	
	합계	68	25	93			

③ 고교 시절 입시에 자신 있었던 사람은 대학에서도 취업 활동에 자신이 있는가?

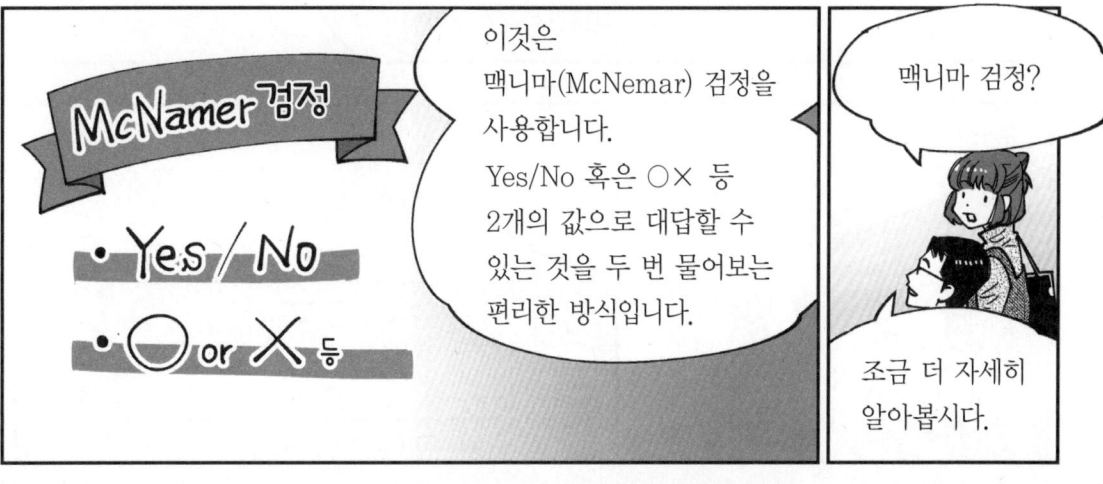

제10장 고민 해결은 카이제곱 검정으로 – 취업 활동 응용편 – 195

맥니마 검정은
처음 수집한 답변과 두 번째 수집한 답변에서
차이가 있는 셀의 빈도를 구하여

둘 차이의 제곱을 둘의 합으로
나눈 값이 자유도 1인 카이제곱 분포를
따른다는 것을 이용하여 검정을 실시합니다.

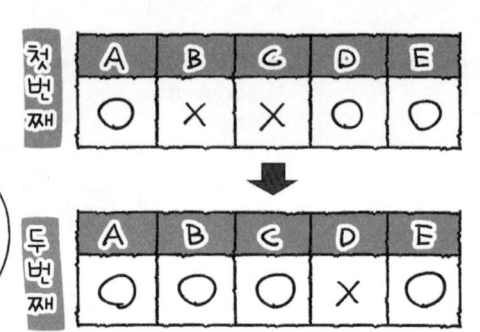

…이해가 안되나요?

엑셀로 재현해 봅시다.

어떠한 개입도 하기 전의
Yes / No의 분포를,
동일 인물에 개입한 후에
다시 취하는 가정입니다.

이전 Yes / 이후 Yes를 YY로
이전 Yes / 이후 No를 YN…으로
Yes, No의 조합을
각각 a, b, c, d라고 합니다.

그리고 1과 0만을 사용하여
a=11, b=10, c=1, d=0으로
Yes, No의 조합을 표현한다고 가정합니다.

1 또는 0이 나오는 난수를 이용하여,
11, 10, 1, 0 중 하나가 랜덤으로 배출되는
데이터를 64세트 만들고….

u1	u2	u3	………	u64

탁탁

64세트를 집계한 것이 이쪽이라고 가정해 보겠습니다.

	a(YY)	b(YN)	c(NY)	d(NN)
1	22	18	13	11

앞 뒤에 차이가 있는 셀….
즉 b(YN)와 c(NY)인데 이들 차이의 제곱을 둘의 합으로 나누면 카이제곱값이 나옵니다.

$$\frac{(18-13)^2}{(18+13)} = 0.81$$

이것을 엑셀에서 1,024번 반복하여 카이제곱값을 1,024개를 구합니다.

그러면….

1,024개!!

	K	L	M	N	O	P	Q	R
		a(YY)	b(YN)	c(NY)	d(NN)	차이의 제곱	합	카이제곱값
	1	20	18	10	16	4.00	34	0.12
	2	18	14	15	17	9.00	31	0.29
	3	15	10	21	18	64.00	28	2.29
	4	17	17	13	13	16.00	30	0.53
	5	12	18	14	20	4.00	38	0.11
	6	22	17	13	12	25.00	29	0.86
	7	18	21	12	12	81.00	33	2.45
	8	12	13	19	20	49.00	33	1.48
	9	11	17	17	19	4.00	36	0.11
	10	14	16	18	16	0.00	32	0.00
	11	16	11	21	16	25.00	27	0.93
	12	16	14	18	18	16.00	32	0.50
	13	13	21	22	8	169.00	29	5.83
	14	16	14	22	12	4.00	26	0.15
	15	16	15	14	19	16.00	34	0.47
	16	21	9	18	16	49.00	25	1.96
	17	13	16	21	14	4.00	30	0.13
	18	14	19	12	19	0.00	38	0.00
	19	14	14	16	20	36.00	34	1.06
	20	19	15	14	16	1.00	31	0.03
	1022	11	18	15	20	4.00	38	0.11
	1023	13	18	15	15	9.00	33	0.27
	1024	17	11	18	18	49.00	29	1.69

이처럼 카이제곱값은 자유도 1의 카이제곱 분포를 따르는 것을 알 수 있습니다.

이를 이용한 것이 맥니마 검정이라는 입니다.

그렇군요…!!

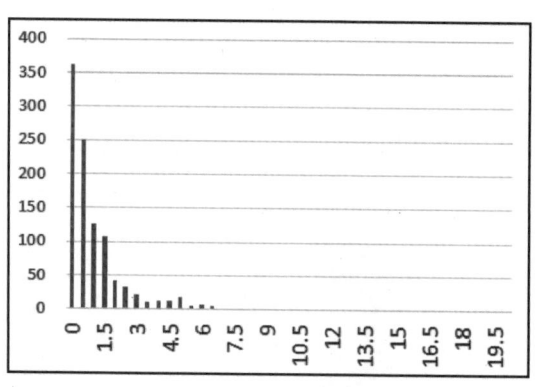

"우연히 상태가 변한 사람이 있어도 전체 비율에 변화가 생긴다고 생각되지는 않지만 현재 입사 시험에 자신이 없는 사람이 많은 것 같네요."

	고교 시절에 입시에 자신이 있었나요?	대학 1학년인 지금 입시 시험에 자신이 있나요?	
		대학·아니요	대학·예
남성	고교·아니요	107	20
	고교·예	222	128
여성	고교·아니요	32	5
	고교·예	36	20

【귀무가설】
고교 시절 입시의 자신감과 대학 시절 취업 활동의 자신감은 변화가 없다.

【대립가설】
고교 시절 입시의 자신감과 대학 시절 취업 활동의 자신감은 변화가 있다.

※ 1.5E−38 = 0.000000000000000000000000000000000000148738

"p값을 구해도 둘 다 엄청나게 작군요…. 이것은 유의한 차이가 있다 라는 것이네요."

"이건 도대체 왜…?"

"음…음…글쎄요…. 이것은 대학 1학년생의 5월 설문조사 라서"

"대학에 입학한지 얼마 되지 않아 입사 시험을 실감하지 못하고 자신감도 없는 것 같군요."

"그렇다면…."

제10장 고민 해결은 카이제곱 검정으로 - 취업 활동 응용편 - 199

카이제곱 검정은 분할표를 대상으로 하는 '독립성 검정'….

관련이 있는가의 여부

예를 들어 남녀의 의견 차이 등을 다루는 것과

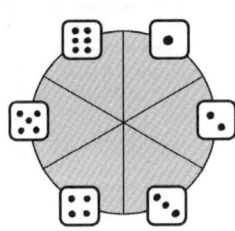

이미 알고 있는 분포와 어느 정도 차이가 나는지 살펴보는 '적합도 검정'

또는

1표본 카이제곱 검정이라고 라는 것이 있습니다.

아! 알겠어요! 원래는 4개 학년에 같은 인원이 있다고 생각하고

실제로 어느 정도 차이가 나는지?를 검정하는 것이군요.

그렇습니다.

아마 기댓값이라는 것을 내는 것이겠군요.

이것은 평균이니까 간단하네요.

총 40명이 있다고 하면 기댓값은 각각 10입니다.

네.
위는 실제 측정값입니다.

【귀무가설】 식당의 고객은 학년에 따라 차이가 없다.
【대립가설】 식당의 고객은 학년에 따라 차이가 있다.

$$p = \text{CHISQ.DIST.RT}(10.6, 4) = 0.040428$$

10.2 취업 활동을 조금이라도 편하게 하려면?

주인공은 취업 활동을 어떻게 해야 할지 고민하고 있습니다. 그러던 중 '취업활동을 쉽게 극복하기 위한 설문지'라는 자료를 입수하게 됩니다. 이를 본 주방장은 사실 이전부터 메뉴 개선에 대한 희망이 있었기 때문에 취업 활동 설문도 메뉴 개선도 같은 방법으로 처리할 수 있다는 것을 깨달았습니다. 그래서 이 데이터라면 주인공도 흥미를 가질 것이라고 생각하여 함께 분석하기로 했습니다.

데이터 내용은 그림과 같은 그래프가 됩니다. 주인공의 학교는 입학 시험에서 면접 점수가 큰 비중을 차지하고 있습니다. 그래서 대학교 1학년에게 고등학교 때 면접을 잘 보았는지 여부와 그 당시 입시에 대한 자신감 여부를 물었습니다. 이와 함께 대학 1학년에게 고교 시절에 면접을 잘 보았는지 여부와 입사 시험에 대한 자신감이 있는가를 조사했습니다.

다만, 이 분석을 시작하기 전, 주방장은 "대학 1학년 때 고등학교 시절의 기억을 되짚어 보는 것은 기억이 바뀔 수도 있고, 좋은 것만 기억할 수도 있다. 그래서 이런 과거로 거슬러 올라가서 기억을 묻는 조사는 다소 문제가 있다. 하지만 데이터 분석의 연습으로 다루는 것도 좋을 것 같다."는 말을 했습니다.

이 그래프를 보면 고등학교 때 면접을 잘 본 사람일수록 입시에 자신이 있는 경향이 있음을 알 수 있습니다. 또한 이번 조사 대상에서 남녀 모두 7~8%는 입시에 자신이 있는 경향을 알 수 있습니다.

● 면접과 입시 – 고등학교

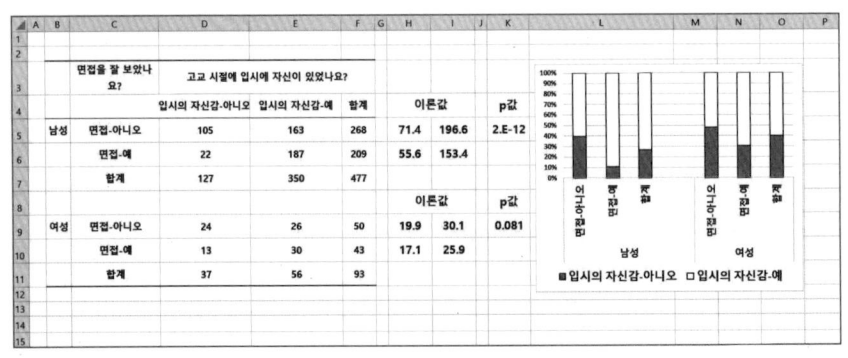

주인공은 100% 누적 막대 그래프의 경계선 위치가 남성과 여성 모두 상당히 다르기 때문에 유의한 차이가 있을 것 같다고 판단했습니다. 실제로 계산을 해보니 다음과 같이 나왔습니다.

남성 p = 2E−12 이것은 $2×10^{-12}$, 즉 $2/10^{12}$의 의미로 E는 에러의 의미가 아닙니다.
여성 p = 0.081

남성의 경우, 면접을 잘 본 사람일수록 시험에 대한 자신이 있다는 것을 알 수 있었습니다. 여성은 유의하다고는 말할 수 없지만, 여성의 수가 적기 때문에 더 많은 인원을 모으면 차이가 날 가능성이 있습니다.

10.3 대학 면접 자신감 여부와 입사 시험 자신감 유무

이번에는 대학에서 면접에 자신감이 있는지 여부와 입사 시험에 대한 자신감 여부를 조사해 보았습니다. 이를 보면 고등학교의 조사 결과와 이번 대학 1학년생의 조사 결과는 상당히 다른 인상을 줍니다.

● 면접과 입사 시험

	대학생인 지금 면접에 자신이 있습니까?	지금 입사시험에 자신이 있습니까?			이론값		p값
		자신감-아니요	자신감-예	합계			
남성	면접-아니요	222	83	305	210.4	94.6	0.016
	면접-예	107	65	172	118.6	53.4	
	합계	329	148	477			
여성	면접-아니요	37	10	47	34.4	12.6	0.218
	면접-예	31	15	46	33.6	12.4	
	합계	68	25	93			

여기에서 궁금한 것은 대학에 와서 면접을 잘하는 사람이나 못하는 사람이나 입사 시험에 대한 자신감이 없는 비율이 크고, 그 정도가 비슷해 보인다는 점입니다. 그래서 앞과 마찬가지로 2표본 카이제곱 검정을 실시하여 방금 전의 표 옆에 검정 결과를 제시했습니다. 이 경우 남성의

경우 $p=0.016$으로 유의합니다. 즉, 면접을 잘 못하는 사람일수록 입사 시험에 자신이 없다는 결과가 나왔습니다. 하지만 여성에서는 $p=0.218$로 유의하지 않은 것으로 나타났습니다. 이 결과에서 왜 대학이라면 입사시험에 자신이 없는 사람이 늘어날까 하는 의문이 생깁니다.

사실 이것은 대학 1학년 5월 무렵에 조사한 자료이기 때문에, 아직 입사 시험에 대해 크게 생각하지 않는 것으로 생각됩니다. 고등학교 때는 입시에 자신감이 있어도 대학 입시와 입사 시험은 다릅니다. 그렇다면 지금이 대학 1학년 초반이라면 입사 시험에 자신이 없는 남성도 지금부터 조금씩 면접에 익숙해지면 자신감을 가지고 취업활동을 할 수 있을 것으로 생각됩니다.

10.4 전후 비교는 맥니마 검정으로

주인공은 또 한 가지 의문이 생겼습니다. 고등학교 때 입시에 자신감이 있었던 사람은 대학에 가면 어떻게 될까 하는 점입니다. 그래서 이번에는 고등학교 때 입시에 자신감을 가졌던 사람이 대학에 들어가서도 입사 시험에 자신감을 가질 수 있는지에 대한 데이터를 분석하기로 했습니다. 이 경우 같은 사람에게 두 번 질문을 하는 것이기 때문에, 일반적인 2표본 카이제곱 검정과는 사정이 다릅니다.

이처럼 같은 사람에게 예, 아니요로 대답할 수 있는 질문을 두 번 물어보고 그 차이를 분석하기 위해서는 대응 표본 명목 척도 검정인 맥니마(McNemar) 검정을 사용합니다. 이 방법은 O인지, ×인지, Yes인지, No인지 등 2개의 값으로 대답할 수 있는 것을 두 번 물어보는 것만으로 답을 구하는 편리한 방법입니다.

맥니마 검정은 처음 수집한 응답과 두 번째 수집한 응답에서 차이가 있는 셀의 빈도를 구하고, 둘 차이의 제곱을 둘의 합으로 나누어 값이 자유도 1의 카이제곱 분포를 따르는 것을 이용하여 검정을 수행합니다.

먼저 다음 그림의 예를 살펴봅시다. 이것은 어떤 개입을 하기 전의 '예'와 '아니요'의 분포를 동일한 사람에게 개입 후 다시 구한 것으로 YY, YN은 첫 번째 질문의 예, 예와 두 번째 질문의 예, 아니요의 조합을 나타냅니다. 셀 a, b, c, d에 첫 번째 질문의 Yes, No와 두 번째 질문의

Yes, No의 조합을 나타내고 있습니다. 실제로는 0 또는 1이 나오는 난수 중 하나를 10배하고 다른 하나를 더하여 Yes, No의 조합을 만들었습니다.

YY=11, YN=10, NY=1, NN=0과 같은 조합의 데이터를 64개 만들고, 그 중 YN=10과 NY=1인 두 개의 개수를 사용하여 카이제곱값을 계산하고 있습니다.

새로운 데이터를 생성하고 그래프의 변화를 살펴봅시다. 이 그림에서 맥니마 검정에서 사용하는 카이제곱값은 자유도 1의 카이제곱분포를 따른다는 것을 알 수 있습니다.

● 맥니마 검정의 해설

10.5 고교 입시에 자신 있었던 사람은 대학에서는 어떨까? 맥니마 검정의 실제

맥니마 검정을 이용하여 조사 대상자에게 고교 시절과 대학 1학년 때 시험에 대한 자신감 유무를 물어보았습니다. 그림은 그 결과를 보여줍니다. 예전에 자신이 없었고 지금도 없는 사람, 예전에 자신이 있었고 지금도 있는 사람은 분석 대상에서 제외했습니다. 자신감 유무가 다른 상태가 된 사람은, 우연이라면 이전에 시험에 대한 자신이 없다가 새로이 자신이 생긴 사람과 이전에 자신이 있었지만 지금은 없어진 사람의 비율이 같아야 할 것입니다.

● 고등학교와 대학에서 시험에 대한 자신감 유무

			대학 1학년인 지금, 입사시험에 자신이 있나요?			
		고교시절에 입시에 자신이 있었나요?	대학-아니요	대학-예	카이제곱값	p
남성	고교-아니요		107	20	168.6	1.5E-38
	고교-예		222	128		
여성	고교-아니요		32	5	23.44	1.3E-06
	고교-예		36	20		

결과를 보면 알 수 있듯이, 표의 짙은 색 부분, 즉 이전과 지금은 자신감이 달라진 사람이 많아졌습니다. 그림의 G열에 p값을 표시했는데 매우 작은 값으로 유의한 차이가 있음을 나타냅니다.

이는 이미 언급했듯이 이 데이터를 취합한 시점이 대학 1학년 5월경이므로 설문에 응답한 사람들도 대학 입시와 입사 시험이 다르다는 것을 충분히 이해하고 있었을 것입니다. 만약 이 정보를 알고 있다면, 대학 1학년 때 입사 시험에 대한 자신이 없는 것은 당연하므로 지금부터 조금씩 취업을 준비하여 시험에 대한 자신감을 남들보다 빨리 키울 수 있도록 하는 전략도 생각해 볼 수 있습니다.

중국의 『손자병법』에 '적을 알고 나를 알면 백번 싸워도 위태롭지 않다'는 말이 있습니다. 통계학의 검정은 손자의 말처럼 적을 알기 위한 방법이기도 합니다. 단순히 공식에 넣어 계산을 할 수 있게 되는 것이 아닙니다. 통계학을 실생활에 어떤 형태로든 도움이 될 수 있도록 하기 바랍니다.

10.6 맥니마 검정이 학생 식당 업무 개선에 도움이 될까?

맥니마 검정의 적용을 지켜보던 한 식당 주방장은 한 가지 사실을 발견했습니다. 최근 주인공 여학생이 카운터에서 놀려대는 남학생에게 거칠게 응대를 하는 바람에 곤란을 겪고 있었습니다. 그렇다면 주방장이 여러 가지 지도를 하기 전과 후, 카운터 업무를 하는 여학생들이 고객 응대에 익숙해졌을까 하는 점을 맥니마 검정을 통해 검토해 보기로 했습니다.

그래서 식당의 주방장 지도 전후에 카운터 담당자가 고객 응대를 잘하는 지와 못하는 지, 즉 익숙해졌는지 아닌지를 물어보았습니다. 표에서 색깔이 있는 곳이 '카운터 업무에 익숙하십니까?'라는 질문에 '예'와 '아니요'의 조합이 다른 셀입니다. 주방장의 고객 응대 지도 전후의 변화를 보면, 그림의 예에서 처음에는 고객 응대가 서툴렀던 것이 능숙해졌다고 해석할 수 있습니다.

● 카운터 업무에 대한 익숙함의 변화

ID	1:수강 전	2:수강 후
1	2:아니요	1:예
2	2:아니요	1:예
3	2:아니요	1:예
4	2:아니요	1:예
5	2:아니요	2:아니요
6	1:예	2:아니요
7	1:예	1:예
8	2:아니요	1:예
9	2:아니요	1:예
10	2:아니요	1:예
11	2:아니요	1:예
12	2:아니요	1:예
13	1:예	1:예

수강 전	수강 후		합계
	1:예	2:아니요	
1:예	2	1	3
2:아니요	9	1	10
합계	11	2	13

| 카이제곱값 | 6.4 | =(9-1)²/(9+1)=64/10 |
| p | 0.0114 | =CHISQ.DIST.RT(6.4,1) |

아르바이트생의 실제 목소리는 다음과 같았습니다.

"처음에는 학생을 대하는 것이 서툴렀지만, 학생들의 무리한 요구를 매일 경험하면서 점점 더 잘 대응할 수 있게 된 것 같아요. 학생들의 행동이나 말에 당황하지 않고 직원 개개인이 적절하게 대응할 수 있게 되면서 무리한 요구도 줄어든 것 같아요. 다만 학년이 바뀌면 학생들도 바뀌기 때문에 같은 일이 반복되는 것도 있어요."

카운터 업무도 꽤 힘든 것 같습니다.

10.7 기존의 분포와 비교하기 위한 1표본 카이제곱 검정

　카이제곱 검정에는 분할표를 대상으로 하는 독립성 검정이라는 것이 있습니다. 이것은 지금까지 이 책에서 다룬 예처럼 남녀의 의견 차이 등을 다루는 것입니다. 이에 대해 이미 알고 있는 분포와 어느 정도 차이가 나는지를 보는 '적합도 검정' 혹은 1표본 카이제곱 검정이라고 하는 것이 있습니다. 원래의 비율과 비교하여 관찰한 데이터가 어느 정도 적합한지를 보는 것입니다. 이미 있는 분포 비율과 관찰한 빈도를 바탕으로 계산하기 때문에 작업은 상당히 간단한 편에 속하는 편리한 기법입니다.

　앞서 예를 들었지만, 동전을 던져 앞면과 뒷면을 기록할 때, 집중해서 살펴 보면서 그 비율이 1/2과 달라지지 않을까, 가위 바위 보가 나오는 비율이 1/3이어야 하는데 정말 그럴까 이런 것들입니다. 식당 업무라면 식당에 오는 학생들의 학년 비율이 전체 학교의 학년 인원 비율과 같은지 여부가 문제가 됩니다. 어쩌면 4학년은 실습 등으로 대학에 오지 않을 수도 있을 것입니다. 그렇다면 메뉴 구성을 바꿔야 할 수도 있습니다.

　이 검정을 하기 위해서는, 이미 데이터의 분포 비율이 정해져 있기 때문에 측정값을 바탕으로 이론값을 구합니다. 그런 다음 측정값에서 이론값을 빼고 제곱한 다음 이론값으로 나누어 카이제곱값을 구합니다. 사실 이 1표본 카이제곱 검정은 '자유도 1에서 4의 카이제곱 분포를 만들어보자'에서 이미 그 내용을 다루고 있으니, 그쪽도 다시 한 번 살펴보시기 바랍니다.

　예를 들어 식당에 오는 학생 40명을 조사했을 때, 각 학년이 같은 수로 온다면 10명씩 올 것입니다. 하지만 실제로는 다음과 같이 되었다고 가정합니다.

1학년	2학년	3학년	4학년
14	12	8	6
10	10	10	10

이 경우의 계산은 자유도가 4가 됩니다. 카이제곱값을 구하면 다음과 같습니다.

$$\text{카이제곱값} = \frac{(14-10)^2}{10} + \frac{(12-10)^2}{10} + \frac{(8-10)^2}{10} + \frac{(6-10)^2}{10}$$

$$= 1.6 + 0.4 + 0.4 + 1.6 = 4.0$$

p = CHISQ.DIST.RT(4.0,4) = 0.40606

다음과 같은 경우에는 어떻게 될까요? 이 경우 4열의 표에서 몇 열까지의 숫자를 알면 나머지가 결정되는 상태가 아니기 때문에 자유도는 4가 됩니다.

1학년	2학년	3학년	4학년
17	12	8	3
10	10	10	10

이번의 카이제곱값은

$$\text{카이제곱값} = \frac{(17-10)^2}{10} + \frac{(12-10)^2}{10} + \frac{(8-10)^2}{10} + \frac{(3-10)^2}{10}$$

$$= 4.9 + 0.4 + 0.4 + 4.9 = 10.6$$

카이제곱값이 10.6이고 자유도가 4이므로 p = CHISQ.DIST.RT(10.6,4) = 0.040428이 됩니다. 이렇게 되면 유의하게 학년에 따라 분포가 달라지는 것을 알 수 있습니다. 이 경우, 대학교 4학년은 각종 실습, 취업활동으로 인해 대학에 많이 오지 않았을 수도 있습니다. 이렇게 학년에 따른 편차가 나타난다면, 1학년이 선호하는 메뉴를 새롭게 고민해 볼 필요가 있을 것입니다.

요약

- 실제 분할표에서 카이제곱 검정을 실시할 수 있다.
- 카이제곱 검정의 결과를 나름대로 해석할 수 있다.
- 맥니마(McNemar) 검정을 실시할 수 있다.
- 맥니마 검정은 어떤 문제에 사용하는지 이해할 수 있다.
- 1표본 카이제곱 검정을 실시할 수 있다.
- 어떤 표본에 대해 1표본 카이제곱 검정을 할 수 있는지 이해할 수 있다.
- 주변 데이터에서 카이제곱 검정으로 처리할 수 있는 것을 말할 수 있다.
- 주변 데이터에서 맥니마 검정으로 처리할 수 있는 것을 말할 수 있다.
- 주변 데이터에서 1표본 카이제곱 검정으로 다룰 수 있는 것을 말할 수 있다.

에필로그

이제 통계학 혐오증은 안녕

11.1 결론

대학 졸업 후 수년 후 ——

아~ 도움이 됩니다! 저, 통계학을 어렴풋이 이해했기 때문에….

하나씩 이해해 가면 괜찮으니까

나도 대학교때 아르바이트를 하면서 배웠어요~

…에서 다루는 데이터의 종류를 알면 분석 방법은 자동으로 결정되기 때문에….

이번 협업은 상대측도 대단한 데이터 분석가가 오기도 하고 나도 이야기를 따라갈 수 없으면

무엇이든 물어봐요.

오, 상대측이 오신 것 같아요.

마지막으로

　이 책을 집필한 2022년에서 2023년 사이 많은 대학에서 데이터 사이언스 강의가 개설되었습니다. 하지만 통계학을 잘하는 사람이 늘어났다고 필자는 생각되지 않습니다. 그래서 통계학을 싫어하는 사람들을 조금이라도 줄이기 위해 통계학 강의에서 잘 가르치지 않는 통계적 가설검정, 모집단과 표본의 관계를 중점적으로 이 책에서 설명했습니다. 이 책으로 검정 개념의 기본을 이해하면 다른 책으로 학습을 진행해도 수월하게 진행할 수 있을 것입니다.

감사의 글

　내용을 미리 읽고 조언을 해주신 분들의 소속과 경칭을 생략하고 이름만 기재합니다.

　미야가와 료타, 야마다 마사미, 야마우라 마사키, 린 카오루, 시노즈카 유키, 오타케 코헤이, 사토 죠, 코야마치 켄스케, 미야미치 료스케, 고쿠시칸대학 대학원 응급시스템연구과, 오가키시민병원 간호부 여러분.

　식당 업무와 주방 설비의 실제를 가르쳐 주신 고쿠시칸대학 체육학부 신도쿄 식당 여러분, 학생식당의 아르바이트 업무를 가르쳐 주신 키타가와 루나 씨, 원고 작성의 계기를 만들어 주신 나나미오 키요시 씨, 성경 말씀을 가르쳐 주신 시무라 마코토 씨. 많은 분들의 도움으로 이 책이 탄생할 수 있었습니다. 정말 감사합니다.

2023년 11월
다큐 히로시

찾아보기

숫자·영문

1표본 카이제곱 검정 ……… 200, 210
2항 검정법 ……………………… 106
2표본 카이제곱 검정 ………… 195
Bonferroni 법 ………………… 138
CHISQ.DIST.RT 함수(Excel) …… 182
CHISQ.TEST 함수(Excel) ……… 185
Cochran의 Q 검정법 ………… 106
DEVSQ 함수(Excel) …………… 149
Fisher의 직접 확률 검정법 …… 106
F검정 ……………………… 113, 137
F값 …………………………… 93
SQRT 함수(Excel) ……………… 64
STDEV.S 함수(Excel) …………… 65
SUMSQ 함수(Excel) …………… 149
T.DIST.RT 함수(Excel) ………… 152
T.TEST 함수(Excel) …………… 112
t검정 ………… 113, 114, 116, 128, 135
t값 …………………………… 93
t분포 ………………………… 100
VAR.S 함수(Excel) ……………… 67
Z검정 ……………………… 102
Z값 …………………………… 93

ㄱ

간격 척도 ……………………… 12
검정 ………………………… 17, 86, 104
검정 통계량 …………………… 168
계급값 ………………………… 22
결정계수 …………………… 147, 151
관측값 ………………………… 184
귀무가설 ………… 85, 93, 127, 129, 151
극단적으로 분포가 다른 경우 …… 110
기댓값 ………………………… 166

ㄷ

다중비교 ……………………… 138
다표본 카이제곱 검정법 ……… 106
대립가설 ……… 85, 127, 129, 151
대수의 법칙 …………………… 95
대응이 없는 ……………… 105, 110
대응이 있는 …………… 105, 109, 110
데이터 척도 ………………… 11, 15
독립성 검정 ……………… 155, 156, 201
등분산 2표본 …… t검정 109, 110

ㅁ

맥니마 검정 · 106, 195, 196, 206, 207
명목 척도 …………………… 12, 14
모집단 …………………… 11, 15, 16, 18, 21

ㅂ

본페로니법 …………………… 138
분산 ………………… 52, 55, 57, 58, 63
분산분석 ……… 122, 124, 125, 126, 129
분할표 ………………………… 160
불편분산 ……………………… 63
비례 척도 …………………… 12

ㅅ

상관계수 ……………………… 147, 151
상자 수염 그림 ……… 22, 25, 27, 110
설문조사 ……………………… 160
순서 척도 …………………… 12, 14
쌍을 이루는 데이터의 t검정 ·· 109, 110

ㅇ

연속 척도 …………………… 12, 143
유의수준 ……………………… 93
유의한 차이 ……………… 139, 202

ㅈ

이론값 …………………… 166, 184
이분산 2표본 t검정 ……… 109, 110

ㅈ

자유도 …………………… 135, 178
적합도 검정 ……… 155, 157, 201
정규분포 …… 20, 37, 42, 44, 47, 50
정규화 처리 …………………… 90

ㅊ

척도 …………………………… 18

ㅋ

카이제곱값 …………… 172, 177, 179
카이제곱 검정 ……… 135, 160, 166

ㅌ

통계적 가설검정 ……… 82, 84, 86, 92

ㅍ

표본 …………………… 11, 15, 16, 18, 106
표준정규분포 ………………… 41
표본평균 차이의 분포 ………… 83
표준오차 …………………… 78, 97
표준편차 21, 41, 44, 50, 54, 57, 78, 98
편차 ……………………… 52, 57, 58
평균 ……………… 41, 50, 52, 57, 58
피벗 테이블 …… 23, 31, 32, 33, 163

ㅎ

회귀분석 ……………… 122, 123, 124
히스토그램 ……………… 23, 27, 29

쉽게 배우는
된다! 통계학
-Excel로 경험하는 데이터 분석-

원제 : マンガでわかる まずはこれだけ！ 統計学
　　　 －Excelで体験するデータ分析－

2024. 7. 17. 1판 1쇄 인쇄
2024. 7. 24. 1판 1쇄 발행

저자 | 다큐 히로시
그림 | 엔모 타케나와
역자 | 권기태
펴낸이 | 이종춘
펴낸곳 | BM (주)도서출판 성안당

주소 | 04032 서울시 마포구 양화로 127 첨단빌딩 3층(출판기획 R&D 센터)
　　　10881 경기도 파주시 문발로 112 파주 출판 문화도시(제작 및 물류)
전화 | 02) 3142-0036
　　　031) 950-6300
팩스 | 031) 955-0510
등록 | 1973. 2. 1. 제406-2005-000046호
출판사 홈페이지 | www.cyber.co.kr
ISBN | 978-89-315-7130-1 (17310)
정가 | 18,000원

이 책을 만든 사람들

책임 | 최옥현
교정·교열 | 조혜란
전산편집 | 김인환
표지 디자인 | 김인환
홍보 | 김계향, 임진성, 김주승
국제부 | 이선민, 조혜란
마케팅 | 구본철, 차정욱, 오영일, 나진호, 강호묵
마케팅 지원 | 장상범
제작 | 김유석

www.cyber.co.kr
성안당 Web 사이트

이 책은 Ohmsha와 BM (주)도서출판 성안당의 저작권 협약에 의해 공동 출판된 서적으로, BM (주)도서출판 성안당 발행인의 서면 동의 없이는 이 책의 어느 부분도 재제본하거나 재생 시스템을 사용한 복제, 보관, 전기적·기계적 복사, DTP의 도움, 녹음 또는 향후 개발될 어떠한 복제 매체를 통해서도 전용할 수 없습니다.

■ 도서 A/S 안내

성안당에서 발행하는 모든 도서는 저자와 출판사, 그리고 독자가 함께 만들어 나갑니다.
좋은 책을 펴내기 위해 많은 노력을 기울이고 있습니다. 혹시라도 내용상의 오류나 오탈자 등이 발견되면 **"좋은 책은 나라의 보배"**로서 우리 모두가 함께 만들어 간다는 마음으로 연락주시기 바랍니다. 수정 보완하여 더 나은 책이 되도록 최선을 다하겠습니다.
성안당은 늘 독자 여러분들의 소중한 의견을 기다리고 있습니다. 좋은 의견을 보내주시는 분께는 성안당 쇼핑몰의 포인트(3,000포인트)를 적립해 드립니다.
잘못 만들어진 책이나 부록 등이 파손된 경우에는 교환해 드립니다.